云南建设学校
国家中职示范校建设成果

国家中职示范校建设成果系列实训教材

建筑工程质量检测实训手册

金　煜　主编

冯维忠　主审

中国建筑工业出版社

图书在版编目（CIP）数据

建筑工程质量检测实训手册/金煜主编. —北京：中国
建筑工业出版社，2017.12（2022.5重印）
国家中职示范校建设成果系列实训教材
ISBN 978-7-112-17041-8

Ⅰ. ①建… Ⅱ. ①金… Ⅲ. ①建筑工程-工程质
量-质量检验-中等专业学校-习题集 Ⅳ. ①TU712

中国版本图书馆 CIP 数据核字（2017）第 277692 号

本书依据教育部 2014 年公布的《中等职业学校专业教学标准（试行）》和最新的标准、规范编写。本书是"十二五"职业教育国家规划教材《建筑工程质量检测》（中国建筑工业出版社，金煜主编）的配套实训手册，符合中等职业教育人才培养目标。本书主要内容为：建筑工程质量检测实训计划、建筑工程施工质量验收基础知识、建筑工程质量检测常用工具、建筑地基与基础分部工程质量验收、主体结构分部工程质量验收、建筑屋面分部工程质量验收、建筑装饰装修分部工程质量验收、单位（子单位）工程质量验收。

本书可供中等职业学校建筑工程施工及相关专业师生使用，也可供建筑施工相关执业资格考试和施工技能培训参考。

＊ ＊ ＊

责任编辑：聂　伟　陈　桦
责任校对：焦　乐

国家中职示范校建设成果系列实训教材
建筑工程质量检测实训手册
金　煜　主编
冯维忠　主审
＊
中国建筑工业出版社出版、发行（北京海淀三里河路 9 号）
各地新华书店、建筑书店经销
北京红光制版公司制版
北京建筑工业印刷厂印刷
＊
开本：787×1092 毫米　1/16　印张：6¼　字数：148 千字
2017 年 12 月第一版　　2022 年 5 月第二次印刷
定价：**18.00** 元
ISBN 978-7-112-17041-8
（25851）

版权所有　翻印必究
如有印装质量问题，可寄本社退换
（邮政编码 100037）

国家中职示范校建设成果系列实训教材

编 审 委 员 会

主　任：廖春洪　王雁荣

副主任：王和生　何嘉熙　黄　洁

编委会：（按姓氏笔画排序）

王　谊　王和生　王雁荣　卢光武　田云彪

刘平平　刘海春　李　敬　李文峰　李春年

杨东华　吴成家　何嘉熙　张新义　陈　超

林　云　金　煜　赵双社　赵桂兰　胡　毅

胡志光　聂　伟　唐　琦　黄　洁　蒋　欣

管绍波　廖春洪　黎　程

序　言

提升中等职业教育人才培养质量，需要大力推动专业设置与产业需求、课程内容与职业标准、教学过程与生产过程"三对接"，积极推进学历证书和职业资格证书"双证书"制度，做到学以致用。

实现教学过程与生产过程的对接，全面提高学生素质、培养学生创新能力和实践能力，需要构造体现以教师为主导、以学生为主体、以实践为主线的中等职业教育现代教学方法体系。这就要求中等职业教育要从培养目标出发，运用理实一体化、目标教学法、行为导向法等教学方法，培养应用型、技能型人才。

但我国职业教育改革进程刚刚起步，以中等职业教育现代教学方法体系编写的教材较少，特别是体现理实一体化教学特点的实训教材非常缺乏，不能满足中等职业学校课程体系改革的要求。为了推动中等职业学校建筑类专业教学改革，作为国家中等职业教育改革发展示范学校的云南建设学校组织编写了《国家中职示范校建设成果系列实训教材》。

本套教材借鉴了国内外职业教育改革经验，注重学生动手实践能力的培养，涵盖了建筑类专业的主要专业核心课程和专业方向课程。本套教材按照住房和城乡建设部中等职业教育专业指导委员会最新专业教学标准和现行国家规范，以项目教学法为主要教学思路编写，并配有大量工程实例及分析，可作为全国中等职业教育建筑类专业教学改革的借鉴和参考。

由于时间仓促，水平和能力有限，本套教材还存在许多不足之处，恳请广大读者批评指正。

《国家中职示范校建设成果系列实训教材》编审委员会

前　言

　　本书是"十二五"职业教育国家规划教材《建筑工程质量检测》（中国建筑工业出版社，金煜主编）的配套实训手册。本书旨在通过系统的质量验收与检测实训教学及训练，使学生掌握质量验收的基本技能，理解质量验收的基本程序、技术要求、理论依据、标准规范等，进一步适应职业教育人才培养目标和课程改革的要求。本书根据现行质量验收相关规范、规程及标准内容，结合相关质量管理软件，突出了信息技术在质量验收与检测中的应用。

　　本书包括实训计划和实训项目两部分。实训计划课时为30学时（6学时/天），可根据学校教学安排作调整。实训项目共分为7个项目，涉及建筑工程的主要项目。

　　本书内容主要是建筑工程土建部分检验批、分部工程、单位工程质量验收记录表的填写实训，不含分项工程质量验收记录表。

　　本书以某省建筑工程档案资料管理软件为基础编写。由于各地区使用的资料管理软件存在差异，使用本书时可根据本地区软件进行调整。

　　本书由云南建设学校金煜主编，全书由云南省工程质量监督管理站冯维忠主审。

　　由于编者水平有限，本书在编制过程中难免存在疏漏和不妥之处，恳请广大读者批评指正。

目 录

建筑工程质量检测实训计划

一、实训目的

"建筑工程质量检测"是中等职业学校建筑工程施工专业的一门核心课程。通过本实训，使学生对建筑工程质量检测有一个整体的认识与把握。

1. 掌握一般建筑工程各分部分项工程质量验收方法、内容、步骤。

2. 掌握一般建筑工程质量检测重点检验内容。

3. 能根据教师提供的施工图纸，完成施工资料表格的填写，并且熟悉表格中的相关数据来源与检测方法。

4. 熟悉建筑工程档案资料管理软件。

通过本实训，培养学生遵纪守法，自觉遵守职业道德及行业规范，树立认真刻苦的学习态度及爱岗敬业的工作态度，为今后工作打下良好的基础。

二、实训安排

建筑工程质量检测实训计划表

	上　　午	下　　午
星期一	熟悉图纸、资料、规范，学习××省建筑工程资料管理规程，布置实训任务	项目1实训：填写实训手册相关表格，录入软件
星期二	项目2实训：填写实训手册相关表格，录入软件	项目3实训：填写实训手册相关表格，录入软件
星期三	项目4实训：填写实训手册相关表格，录入软件	项目5实训：填写实训手册相关表格，录入软件
星期四	项目6实训：填写实训手册相关表格，录入软件	项目7实训：填写实训手册相关表格，录入软件
星期五	将软件数据整理组卷，以学生的姓名作为压缩文件名，将压缩文件上交指导教师	实训总结，检查本次实训所有项目是否完成，上交实训手册

三、实训任务

根据施工图纸，填写实训手册里所有表格，并在建筑工程资料管理软件里填写相应表格。熟悉竣工资料需要收集整理的相关资料。学会使用质量验收的一些常用验收工具，采集表格数据。

四、实训考核

实训成绩采用综合评分制。

实训成绩＝实训手册成绩(30％)＋建筑工程档案资料管理软件使用成绩(40％)＋考勤成绩(15％)＋团队协作(15％)(小组评分)

五、实训流程

六、注意事项

1. 必须保持实训室整洁，每天下午由各班班长安排打扫卫生。
2. 每位同学的座位固定，所使用的计算机等设备如有损坏，照价赔偿。
3. 所使用软件电子锁每天实训结束交回指导教师处，如有损坏、丢失，照价赔偿。
4. 如各种原因请假超过 2 天及以上，本次实训成绩不及格。

项目1 建筑工程施工质量验收基础知识

任务1 建筑工程施工质量验收准备工作

【实训目的】

掌握建筑工程施工质量验收包括施工质量的中间验收和工程的竣工验收两个方面。理解国家有关工程建设的法律、法规、标准、规范及有关文件，熟悉工程施工质量检查与验收方法及基本程序。

【学习支持】

熟悉现行的《建筑工程施工质量验收统一标准》、施工质量验收规范。熟悉现行验收规范体系的组成及运用。根据需要检查验收的项目，选择工程质量检查和验收的方法。

【任务实施】

一、收集《建筑工程施工质量验收统一标准》GB 50300—2013、相关质量验收规范及资料。相关规范及资料主要包括：

1. 现行质量验收规范；

2. 工程资料：①设计文件；②会审记录；③施工日志；④施工记录；⑤施工质量验收记录；⑥质量证明文件；⑦试验报告、检测报告；⑧工程测量说明及记录等。

二、制定质量检查及验收计划。

以小组为单位简要编写质量验收的程序、方法及依据。

三、根据收集的资料填写相关内容。

1. 质量验收相关规范名称

2. 工程资料

（1）工程概况

（2）设计文件（名称及数量）

（3）会审记录（按时间、次数及内容摘要）

（4）施工日志、施工记录（齐全与否，特殊情况摘要）

（5）施工质量验收记录（齐全与否，特殊情况摘要）

（6）质量证明文件（齐全与否，特殊情况摘要）

（7）试验报告、检测报告

（8）工程测量说明及记录（齐全与否，特殊情况摘要）

任务2 建筑工程施工质量验收基础知识

【实训目的】

会进行质量验收的划分，会进行检验批质量验收表格的填写，会进行分项工程、分部（子分部）工程质量验收，能参与单位（子单位）工程的质量验收。通过施工质量条件、性能检测、质量记录、尺寸偏差及限值实测、观感质量等相关知识的学习，理解质量验收的方法及基本程序。

【学习支持】

现行的《建筑工程施工质量验收统一标准》、专业质量验收规范，质量验收资料范例。

【任务实施】

一、根据范例，列出检验批、分项工程、分部（子分部）工程、子单位工程名称，熟悉相应项目的验收程序及方法。

二、熟悉建筑工程施工质量验收规则。

1. 17个基本术语。

2. 理解基本规定。

3. 对质量验收不符合要求的处理和严禁验收的规定进行小组讨论。

三、根据范例填写相关内容。

1. 质量验收划分

（1）单位（子单位）工程名称

（2）分部（子分部）工程名称

（3）分项工程名称

（4）检验批名称及数量

2. 基本术语

3. 基本规定条款名称及内容摘要

4. 对质量验收不符合要求的处理和严禁验收的规定进行小组讨论的内容记录

项目 2　建筑工程质量检测常用工具

任务　常用检测设备工具及使用

【实训目的】

熟悉建筑工程质量检测常用工具，会使用常用工具进行相应的检测，并能按要求对检测结果进行记录和分析；对常用工具能进行相应的检查和维护保养。

【学习支持】

检测常用工具及相应的使用和检查维护保养说明书，检测结果记录稿纸。

【任务实施】

分组轮换在实训教师指导下进行常用设备的熟悉、使用、检测及数据记录。

1. 建筑工程质量检测工具包中工具的使用方法

2. 混凝土回弹仪使用方法

3. 钢筋位置测定仪使用方法

项目 3　建筑地基与基础分部工程质量验收

任务 1　地基基础分部工程验收的基本规定

【实训目的】

熟悉一般要求，熟悉地基基础工程检测及见证试验规定，掌握地基基础工程施工异常情况处理相关要求；掌握使用材料的质量检验项目、批量和检验方法；会进行质量验收划分。

【学习支持】

《建筑工程施工质量验收统一标准》GB 50300—2013 和《建筑地基基础工程施工质量验收规范》GB 50202—2002。

【任务实施】

收集相关资料，摘抄一般要求的相应内容。

任务 2　地基基础分部（子分部）工程所含检验批
（部分）质量验收表格填写

【实训目的】

会进行地基基础分部（子分部）工程所含检验批划分；会收集检验批验收资料；会填写检验批验收表格，能查询相关的资料规范；掌握质量验收方法。

【学习支持】

《建筑工程施工质量验收统一标准》GB 50300—2013 和《建筑地基基础工程施工质量验收规范》GB 50202—2002。

【任务实施】

一、地基基础分部（子分部）工程所含分项工程及检验批名称

二、检验批验收资料收集（写出所收集的资料名称）

三、根据要求填写检验批（部分）质量验收表

1. 参照表 3-1～表 3-12 中已填写的表格，完成其他表格的填写。

2. 在资料实训室完成相应表格的应用软件电子档内容输入，并输出结果，存档后上交电子资料。

表 3-1

	<u>土方开挖</u> 报验申请表 （监 A4）	资料号	××县××大酒店主楼 -C4-01-01-01-001

工程名称	××县××大酒店主楼

致： <u>×××建设监理有限责任公司</u> （监理单位）

我单位已完成了 <u>①～⑫/Ⓐ～Ⓚ轴线</u> 工作，现报上该工程报验申请表，请予以审查和验收。

附件：

①～⑫/Ⓐ～Ⓚ轴线土方开挖工程检验批质量验收记录。

承包单位（章）： <u>×××建设工程有限公司</u>

项目经理： <u>×××</u>

日　　期： <u>××××年××月××日</u>

审查意见：

合格，同意验收。

项目监理机构： <u>×××建设监理有限责任公司</u>

总/专业监理工程师： <u>×××</u>

日　　期： <u>××××年××月××日</u>

本表由施工单位填报，施工单位、监理单位各保存一份。　　　　×××省住房和城乡建设厅印制

表 3-2

土方开挖工程检验批质量验收记录表
GB 50202—2002

资料号	××县××大酒店主楼 -C4-01-01-01-001

单位名称	××县××大酒店主楼	验收部位	①~⑫/Ⓐ~Ⓚ轴线
施工单位	×××建设工程有限公司	项目经理	×××
施工执行标准名称及编号	《建筑地基基础工程施工质量验收规范》GB 50202—2002		

检查项目		允许偏差或允许值（mm） 柱基基坑基槽	挖方场地平整 人工	机械	管沟	地(路)面基层	施工单位检查评定记录										建设(监理)单位验收记录
主控项目	1 标高	□−50	☑±30	□±50	□−50	□−50	15	23	−17	14	25	−5	1	14	−2	−15	符合要求
	2 长度、宽度（由设计中心线向两边量）	□+200/−50	□+300/−100	□+500/−150	□+100	—	12	9	−21	−18	8	6	5	5	20	−12	符合要求
	3 边坡符合设计要求	设计要求：1:1					符合设计和质量验收规范要求。										符合要求
一般项目	1 表面平整度	□20	☑20	□50	□20	□20	1	14	15	3	17	1	12	6	△22	6	符合要求
	2 基底土性符合设计要求	勘察基底土性：黏土					经相关部门进行地基验槽，符合设计要求。										符合要求

主控项目：符合要求 ；一般项目：满足规范规定 ；共抽查 30 点，其中合格 29 点，合格率 96.7 ％

施工单位检查评定结果	检查评定合格。 施工班组长：××× 专业施工员：××× 质量员：××× 　　　　　　　××××年××月××日	监理(建设)单位验收评定结论	同意验收。 专业监理工程师：××× (建设单位项目专业技术负责人)：××× 　　　　　　××××年××月××日

表 3-3

<u>　　土方回填　　</u> 报验申请表 （监 A4）	资料号	××县××大酒店主楼 -C4-01-01-01-001

工程名称	××县××大酒店主楼

致：　<u>×××建设监理有限责任公司　　</u>　　　　　　（监理单位）

　　我单位已完成了 <u>　　　　　土方回填　　　　　　</u> 工作，现报上该工程报验申请表，请予以审查和验收。

附件：

　　土方回填工程检验批质量验收记录。

　　　　　　　　　　　　　　　　承包单位（章）：<u>×××建设工程有限公司</u>

　　　　　　　　　　　　　　　　项目经理：<u>　　×××　　　</u>

　　　　　　　　　　　　　　　　日　　　期：<u>××××年××月××日</u>

审查意见：

　　合格，同意验收。

　　　　　　　　　　　　　　　　项目监理机构：<u>×××建设监理有限责任公司</u>

　　　　　　　　　　　　　　　　总/专业监理工程师：<u>　　×××　　</u>

　　　　　　　　　　　　　　　　日　　　期：<u>××××年××月××日</u>

本表由施工单位填报，施工单位、监理单位各保存一份。

×××省住房和城乡建设厅印制

表 3-4

土方回填工程检验批质量验收记录表
GB 50202—2002

资料号	

单位名称		验收部位	
施工单位		项目经理	

施工执行标准名称及编号		

<table>
<tr><td colspan="7">施工质量验收规范的规定</td><td colspan="6">施工单位检查评定记录</td><td rowspan="4">建设（监理）单位验收记录</td></tr>
<tr><td rowspan="3">检查项目</td><td colspan="5">允许偏差或允许值（mm）</td><td rowspan="3" colspan="6">—</td></tr>
<tr><td rowspan="2">柱基基坑基槽</td><td colspan="2">挖方场地平整</td><td rowspan="2">管沟</td><td rowspan="2">地(路)面基层</td></tr>
<tr><td>人工</td><td>机械</td></tr>
<tr><td rowspan="2">主控项目</td><td>1</td><td>标高</td><td>□-50</td><td>□±30</td><td>□±50</td><td>□-50</td><td>□-50</td><td></td><td></td><td></td><td></td><td></td><td></td></tr>
<tr><td>2</td><td colspan="3">分层压实系数</td><td colspan="3">设计要求</td><td></td><td></td><td></td><td></td><td></td><td></td></tr>
<tr><td rowspan="4">一般项目</td><td>1</td><td>回填土料符合设计要求</td><td colspan="2">设计要求</td><td colspan="2"></td><td></td><td></td><td></td><td></td><td></td><td></td><td></td></tr>
<tr><td rowspan="2">2</td><td rowspan="2">分层厚度及含水量符合设计要求</td><td colspan="2" rowspan="2">设计要求</td><td colspan="2">分层厚度</td><td></td><td></td><td></td><td></td><td></td><td></td><td></td></tr>
<tr><td colspan="2">含水量</td><td></td><td></td><td></td><td></td><td></td><td></td><td></td></tr>
<tr><td>3</td><td>基底土性符合设计要求</td><td>□20</td><td>□20</td><td>□50</td><td>□20</td><td>□20</td><td></td><td></td><td></td><td></td><td></td><td></td></tr>
</table>

主控项目： ；一般项目： ；共抽查 点，其中合格 点，合格率 ％

<table>
<tr><td rowspan="2">施工单位检查评定结果</td><td rowspan="2"></td><td>监理（建设）单位验收评定结论</td><td rowspan="2"></td></tr>
<tr><td></td></tr>
<tr><td></td><td>施工班组长：
专业施工员：
质量员：
　　　　　　年　月　日</td><td></td><td>专业监理工程师：
（建设单位项目专业技术负责人）：
　　　　　　年　月　日</td></tr>
</table>

××× 省住房和城乡建设厅印制

表 3-5

模板安装工程检验批质量验收记录表
GB 50204—2015
（Ⅰ）

资料号	××县××大酒店主楼 -C4-01-06-01-001

单位名称	××县××大酒店主楼	验收部位	①～⑫/Ⓐ～Ⓚ轴线	
施工单位	×××建设工程有限公司	项目经理	×××	建设（监理）单位验收意见
施工执行标准名称及编号	《混凝土结构工程施工质量验收规范》GB 50204—2015			

		施工质量验收规范的规定	施工单位检查评定记录	建设（监理）单位验收意见
主控项目	1	安装现浇结构的上层模板及支架时，下层楼板应具有承受上层荷载的承载力，或加设支架；上、下层支架的立柱应对准，并铺设垫板	检查了施工技术方案及模板支承系统，符合验收规范要求	符合要求
	2	在涂刷模板隔离剂时，不得沾污钢筋和混凝土接槎处	模板隔离剂涂刷符合要求，无沾污钢筋和混凝土现象	符合要求

		施工质量验收规范的规定			施工单位检查评定记录										建设（监理）单位验收意见
一般项目	1	模板安装的一般要求应符合规范规定			模板安装符合要求，接缝不漏浆，无积水，清理干净，已涂刷隔离剂										符合要求
	2	用作模板的地坪、胎模等应平整光洁，不得产生影响构件质量的下沉、裂缝、起砂或起鼓			符合要求										符合要求
	3	跨度≥4m的模板起拱高度应符合设计要求；当设计无要求时，按跨度的1/1000～3/1000起拱			跨度大于4m的构件模板支设按1.5/1000起拱，符合要求										符合要求
	4	预埋件、预留孔允许偏差（mm）	预埋钢板中心线位置	3	1	1	0	1	1	1	2	2	0	1	符合要求
			预埋管、预留孔中心线位置	3	1	2	3	3	0	△4	1	2	2	3	符合要求
			插筋 中心线位置	5	4	2	1	2	3	△6	5	5	1	4	符合要求
			插筋 外露长度	+10,0	1	2	6	0	2	11	3	2	6	7	符合要求
			预埋螺栓 中心线位置	2	2	2	1	△3	1	2	1	1	2		符合要求
			预埋螺栓 外露长度	+10,0	7	10	3	4	2	5	5	8	△12	3	符合要求
			预留洞 中心线位置	10	8	6	1	7	5	1	6	6	5	△14	符合要求
			预留洞 尺寸	+10,0	4	10	△11	9	3	3	4	0	8		符合要求
	5	现浇结构模板安装允许偏差（mm）	轴线位移	5	△7	4	1	4	4	4	0	0			符合要求
			底模上表面标高	±5	2	5	4	−4	−5	△6	5	−3	2		符合要求
			截面内部尺寸 基础	±10	−5	6	−5	−5	−6	△11	8	−6	8	3	符合要求
			截面内部尺寸 柱、墙、梁	+4，−5	3	−4	2	2	△4	3	4	2	3		符合要求
			层高垂直度 不大于5m	6	5	6	4	2	3	△8	2	1	4	6	符合要求
			层高垂直度 大于5m	8	6	6	3	△10	4	6	4	6			符合要求
			相邻两板表面高低差	2											符合要求
			表面平整度	5	1	2	5	4	4	2	3	△7	1		符合要求

主控项目： 符合要求 ；一般项目：满足规范规定；共抽查 160 点，其中合格 146 点，合格率 91.3%

施工单位检查评定结果	检查评定符合要求。 施工班组长：××× 专业施工员：××× 质量员：××× 　　　　××××年××月××日	监理（建设）单位验收评定结论	同意验收。 专业监理工程师：××× （建设单位项目专业技术负责人）：××× 　　　　××××年××月××日

×××省住房和城乡建设厅印制

表 3-6

钢筋加工工程检验批质量验收记录表 GB 50204—2015 （Ⅰ）

资料号	××县××大酒店主楼-C4-01-06-02-001

<table>
<tr><td colspan="3">单位名称</td><td colspan="6">××县××大酒店主楼</td><td colspan="3">验收部位</td><td colspan="4">基础②～⑫/Ⓐ～Ⓚ轴线</td></tr>
<tr><td colspan="3">施工单位</td><td colspan="6">×××建设工程有限公司</td><td colspan="3">项目经理</td><td colspan="3">×××</td><td rowspan="3">建设（监理）单位验收意见</td></tr>
<tr><td colspan="4">施工执行标准名称及编号</td><td colspan="11">《混凝土结构工程施工质量验收规范》GB 50204—2015</td></tr>
<tr><td colspan="5">施工质量验收规范的规定</td><td colspan="10">施工单位检查评定记录</td></tr>
<tr><td rowspan="8">主控项目</td><td>1</td><td colspan="3">力学性能和重量偏差检验</td><td colspan="10">符合要求</td><td>符合要求</td></tr>
<tr><td>2</td><td colspan="3">抗震用钢筋强度和最大力下总伸长率的实测值</td><td colspan="10">符合要求</td><td>符合要求</td></tr>
<tr><td>3</td><td colspan="3">当发现钢筋脆断、焊接性能不良或力学性能显著不正常等现象时，应对该钢筋进行化学成分检验或其他专项检验</td><td colspan="10">符合要求</td><td>符合要求</td></tr>
<tr><td>4</td><td colspan="3">受力钢筋的弯钩和弯折应符合规定</td><td colspan="10">受力钢筋的弯钩和弯折符合规定要求</td><td>符合要求</td></tr>
<tr><td>5</td><td colspan="3">除焊接封闭环式箍筋外，箍筋的末端应作弯钩，弯钩形式应符合设计要求。设计无要求时应符合规定</td><td colspan="10">符合质量验收规范要求</td><td>符合要求</td></tr>
<tr><td rowspan="3">6</td><td rowspan="3">钢筋调直后力学性能和重量偏差的检验</td><td colspan="2">钢筋调直后的力学性能符合规范规定</td><td colspan="10">符合要求</td><td rowspan="3">符合要求</td></tr>
<tr><td colspan="2">直条钢筋调直后的断后伸长率符合规范规定</td><td colspan="10">符合要求</td></tr>
<tr><td colspan="2">单位长度重量偏差（%）符合规范规定</td><td colspan="10">符合要求</td></tr>
<tr><td rowspan="5">一般项目</td><td>1</td><td colspan="3">钢筋应平直、无损伤，表面不得有裂纹、油污、颗粒状或片状老锈</td><td colspan="10">符合要求</td><td>符合要求</td></tr>
<tr><td>2</td><td colspan="3">钢筋调直宜采用机械方法，也可采用冷拉方法。当采用冷拉方法时，冷拉率：HPB300 不宜大于 4%；HRB335、HRB 400 和 RRB400 不宜大于 1%</td><td colspan="10">钢筋调直采用机械方法，符合要求</td><td>符合要求</td></tr>
<tr><td rowspan="3">3</td><td rowspan="3">钢筋加工的形状、尺寸允许偏差（mm）</td><td>受力钢筋顺长度方向全长的净尺寸</td><td>±10</td><td>−3</td><td>−5</td><td>5</td><td>4</td><td>−4</td><td>−8</td><td>−7</td><td>0</td><td>6</td><td>−7</td><td>符合要求</td></tr>
<tr><td>弯起钢筋的弯折位置</td><td>±20</td><td>15</td><td>−12</td><td>5</td><td>14</td><td>16</td><td>−13</td><td>15</td><td>△−24</td><td>4</td><td>14</td><td>符合要求</td></tr>
<tr><td>箍筋的内净尺寸</td><td>±5</td><td>2</td><td>3</td><td>4</td><td>4</td><td>−3</td><td>−2</td><td>△−6</td><td>4</td><td>−3</td><td>−4</td><td>符合要求</td></tr>
<tr><td colspan="16">主控项目：符合设计要求 ；一般项目： 满足规范规定；共抽查 30 点，其中合格 28 点，合格率 93.3 %</td></tr>
<tr><td colspan="2">施工单位检查评定结果</td><td colspan="5">检查评定符合要求。

施工班组长：×××
专业施工员：×××
质量员：×××
××××年××月××日</td><td colspan="2">监理（建设）单位验收评定结论</td><td colspan="7">同意验收。

专业监理工程师：×××
（建设单位项目专业技术负责人）：×××
××××年××月××日</td></tr>
</table>

×××省住房和城乡建设厅印制

表 3-7

钢筋安装工程检验批质量验收记录表
GB 50204—2015

					资料号	

单位名称			验收部位		
施工单位			项目经理		建设（监理）单位验收意见
施工执行标准名称及编号					

		施工质量验收规范的规定			施工单位检查评定记录								
主控项目	1	纵向受力钢筋的连接方式符合设计要求											
	2	按 JGJ 107、JGJ 18 规定抽取钢筋机械连接接头、钢筋焊接接头试件作力学性能检验，质量符合有关规程规定											
	3	受力钢筋的品种、级别、规格和数量必须符合设计要求											
一般项目	1	钢筋的连接接头宜设置在构件受力较小处。同一纵向受力钢筋不宜设置两个或两个以上接头，接头末端至钢筋起弯点的距离不应小于钢筋直径的 10 倍											
	2	直接承受动力荷载拉结钢筋的设置应符合规范规定											
	3	设置在同一构件内的钢筋接头宜相互错开，接头面积百分率应符合设计要求和相关规范的规定											
	4	相邻纵向受力钢筋绑扎搭接接头应相互错开，搭接接头中钢筋的纵向净距不应小于钢筋直径且不小于 25mm。接头面积百分率符合设计要求和规范的规定											
	5	梁、柱纵向受力钢筋绑扎搭接长度范围内箍筋的配置应符合设计要求和规范的规定											
	6	允许偏差（mm）	绑扎钢筋网	长、宽	±10								
				网眼尺寸	±20								
			绑扎钢筋骨架	长	±10								
				宽、高	±5								
			受力钢筋	间距	±10								
				排距	±5								
				保护层厚度	基础	±10							
					柱、梁	±5							
					板、墙、壳	±3							
			绑扎箍筋、横向钢筋间距		±20								
			钢筋弯起点位置		20								
			预埋件	中心线位置	5								
				水平高差	+3，0								

主控项目：	；一般项目：	；共抽查 点，其中合格 点，合格率 ％

施工单位检查评定结果	施工班组长： 专业施工员： 质量员： 年 月 日	监理（建设）单位验收评定结论	专业监理工程师： （建设单位项目专业技术负责人）： 年 月 日

×××省住房和城乡建设厅印制

表 3-8

混凝土原材料及配合比检验批质量验收记录表

GB 50204—2015

（Ⅰ）

资料号	

单位名称		验收部位		
施工单位		项目经理		建设（监理）单位验收意见
施工执行标准名称及编号				
	施工质量验收规范的规定		施工单位检查评定记录	
主控项目	1	水泥进场时应对其品种、级别、包装或散装仓号、出厂日期等进行检查，并应对其强度、安定性及其他必要的性能指标进行复验。严禁使用含氯化物的水泥		
	2	掺用外加剂的质量及应用技术应符合标准 GB 8076、GB 50119 等与有关环境保护的规定。预应力混凝土结构中，严禁使用含氯化物的外加剂。钢筋混凝土结构中，使用含氯化物外加剂时，氯化物的总含量应符合现行标准 GB 50164 规定		
	3	混凝土中氯化物和碱的总含量应符合设计和规范 GB 50010 的规定		
	4	混凝土配合比设计应符合设计要求和《普通混凝土配合比设计规程》JGJ 55 的规定，根据混凝土强度等级、耐久性和工作性等要求进行配合比设计。有特殊要求的混凝土尚应符合专门标准规定		
一般项目	1	混凝土中矿物掺合料的质量应符合 GB/T 1596 的规定，掺量应通过试验确定		
	2	混凝土所用的粗、细骨料的质量应符合 JGJ 52 的规定		
	3	拌制混凝土宜采用饮用水，当采用其他水源时，水质应符合 JGJ 63 的规定		
	4	首次使用的混凝土配合比应进行开盘鉴定，其工作性应满足设计配合比的要求。开始生产时，至少留置一组标养试块作为验证配合比的依据		
	5	混凝土拌制前，应测定砂、石含水率；并根据测试结果调整材料用量，提出施工配合比		

主控项目：　　　　　　　　　　　　；一般项目：

施工单位检查评定结果	施工班组长：专业施工员：质量员：　　　　　　　　年　月　日	监理（建设）单位验收评定结论	专业监理工程师：（建设单位项目专业技术负责人）：　　　　　　　　　　年　月　日

表 3-9

混凝土施工检验批质量验收记录表
GB 50204—2015
（Ⅱ）

资料号	

单位名称		验收部位		
施工单位		项目经理		建设（监理）单位验收意见
施工执行标准名称及编号				

		施工质量验收规范的规定			施工单位检查评定记录	建设（监理）单位验收意见
主控项目	1	结构混凝土强度等级必须符合设计要求；试件的取样留置应符合规范规定	设计强度			
	2	抗渗混凝土等级应符合设计要求；试件的取样留置应符合《普通混凝土配合比设计规程》JGJ 55 规定	抗渗等级			
	3	混凝土原材料每盘称量的允许偏差	水泥、掺合料	±2%		
			粗、细骨料	±3%		
			水、外加剂	±2%		
	4	混凝土运输、浇筑及间歇的全部时间不应超过初凝时间。同一施工段的混凝土应连续浇筑，并应在底层混凝土初凝之前将上层混凝土浇筑完毕。否则应按施工方案的要求对施工缝进行处理				
一般项目	1	施工缝的位置按设计要求和施工技术方案确定。施工缝的处理应按施工技术方案执行				
	2	后浇带的留置位置应按设计要求和施工技术方案确定，后浇带的混凝土浇筑应按施工技术方案进行				
	3	混凝土浇筑完毕后，应按施工技术方案及时采取有效养护措施，并应符合规范规定				

主控项目： ；一般项目：

施工单位检查评定结果	施工班组长： 专业施工员： 质量员： 年 月 日	监理（建设）单位验收评定结论	专业监理工程师： （建设单位项目专业技术负责人）： 年 月 日

×××省住房和城乡建设厅印制

表 3-10

现浇混凝土结构外观及尺寸偏差检验批质量验收记录表
GB 50204—2015
（Ⅰ）

资料号	××县××大酒店主楼 -C4-01-06-06-001

单位名称	××县××大酒店主楼	验收部位	基础②～⑫/Ⓐ～Ⓚ轴线	
施工单位	×××建设工程有限公司	项目经理	×××	建设（监理）单位验收意见
施工执行标准名称及编号	《混凝土结构工程施工质量验收规范》GB 50204—2015			

		施工质量验收规范的规定			施工单位检查评定记录										建设（监理）单位验收意见
主控项目	1	外观质量不应有严重缺陷。对已出现的严重缺陷，应由施工单位提出技术处理方案，经监理（建设）单位认可后进行处理，并重新检查验收			经检查混凝土外观无露筋、孔洞、夹渣、疏松、裂缝等严重缺陷										符合要求
	2	不应有影响结构性能和使用功能的尺寸偏差。对超过尺寸允许偏差且影响结构性能和安装、使用功能的部位，应由施工单位提出技术处理方案，并经监理（建设）单位认可后进行处理，并重新检查验收			符合要求										
一般项目	1	外观质量不宜有一般缺陷，否则施工单位应按技术处理方案处理，并重新检查验收			符合设计和质量验收规范要求										
	2	轴线位移 (mm)	基础	15	15	12	0	7	5	△18	7	15	9	5	符合要求
			独立基础	10											
			墙、柱、梁	8											
			剪力墙	5											
	3	垂直度 (mm)	层高 ≤5m	8											
			层高 >5m	10											
			全高（H）	H/1000，且≤30	19	23	11	11	10	24	△36	16	2	12	符合要求
	4	标高 (mm)	层高	±10											
			全高	±10											
	5	截面尺寸 (mm)		+8，−5	4	△6	−5	5	−5	6	4	7	3	3	符合要求
	6	电梯井 (mm)	井筒长宽对定位中心线	+25，0											
			井筒全高（H）垂直度	H/1000，且≤30											
	7	表面平整度 (mm)		8	6	4	4	6	7	0	△10	8	3	5	符合要求
	8	预埋设施中心线位置 (mm)	预埋件	10	8	△11	9	10	7	1	5	2	3	2	符合要求
			预埋螺栓	5	0	△7	0	3	4	0	1	0	2		符合要求
			预埋管	5	2	4	2	3	3	2	0	4	4	1	符合要求
	9	预留洞中心线位置 (mm)		15	3	14	3	11	8	6	10	0	5	0	符合要求

主控项目：符合设计要求 ；一般项目：满足规范规定；共抽查80点，其中合格74点，合格率92.5 ％

施工单位检查评定结果	检查评定符合要求。 施工班组长：××× 专业施工员：××× 质量员：××× ××××年××月××日	监理（建设）单位验收评定结论	同意验收。 专业监理工程师：××× （建设单位项目专业技术负责人）：××× ××××年××月××日

×××省住房和城乡建设厅印制

表 3-11

混凝土设备基础外观及尺寸偏差
检验批质量验收记录表
GB 50204—2015
（Ⅱ）

	资料号	

单位名称			验收部位		
施工单位			项目经理		建设（监理）单位验收意见
施工执行标准名称及编号					

		施工质量验收规范的规定		施工单位检查评定记录	
主控项目	1	外观质量不应有严重缺陷。对已出现的严重缺陷，应由施工单位提出技术处理方案，经监理（建设）单位认可后进行处理，并重新检查验收			
	2	不应有影响结构性能和使用功能的尺寸偏差。对超过尺寸允许偏差且影响结构性能和安装、使用功能的部位，应由施工单位提出技术处理方案，并经监理（建设）单位认可后进行处理，并重新检查验收			
一般项目	1	外观质量不宜有一般缺陷，否则施工单位应按技术处理方案处理，并重新检查验收			
	2	允许偏差（mm）	坐标位置	20	
			不同平面的标高	0，−20	
			平面外形尺寸	±20	
			凸台上平面外形尺寸	0，−20	
			凹穴尺寸	+20，0	
		平面水平度	每米	5	
			全高	10	
		垂直度	每米	5	
			全高	10	
		预埋地脚螺栓	标高（顶部）	+20，0	
			中心距	±2	
		预埋地脚螺栓孔	中心线位置	10	
			深度	+20，0	
			孔垂直度	10	
		预埋活动地脚螺栓锚板	标高	+20，0	
			中心线位置	5	
			带槽锚板平整度	5	
			带螺纹孔锚板平整度	2	

主控项目：　　　；一般项目：　　　；共抽查　　　点，其中合格　　　点，合格率　　　%

施工单位检查评定结果	施工班组长： 专业施工员： 质量员： 年　月　日		监理（建设）单位验收评定结论	专业监理工程师： （建设单位项目专业技术负责人）： 年　月　日	

×××省住房和城乡建设厅印制

表 3-12

卷材防水层工程检验批质量验收记录表
GB 50208—2011

	资料号	××县××大酒店主楼 -C4-01-05-03-001

单位名称	××县××大酒店主楼		验收部位	①~⑫/Ⓐ~Ⓚ轴线	建设（监理）单位验收意见
施工单位	×××建设工程有限公司		项目经理	×××	
施工执行标准名称及编号	《地下防水工程质量验收规范》GB 50208—2011				

		施工质量验收规范的规定		施工单位检查评定记录								建设（监理）单位验收意见
主控项目	1	卷材及主要配套材料质量必须符合产品标准、设计要求及规范规定	设计要求	符合要求								符合要求
	2	防水层及其转角处、变形缝、施工缝、穿墙管道等部位做法须符合设计要求	防水层及其转角处、变形缝、施工缝、穿墙管道等部位符合设计要求									符合要求
一般项目	1	卷材搭接缝应粘（焊）接牢固，密封严密，不得有皱折、翘边和鼓泡等缺陷	卷材搭接接缝粘（焊）接牢固，密封严密，无皱折、翘边和鼓泡等缺陷，符合要求									符合要求
	2	采用外防外贴法铺贴卷材防水层时，里面卷材接槎的搭接宽度，高聚物改性沥青类卷材应为150mm，合成高分子类卷材应为100mm，且上层卷材应盖过下层卷材	卷材接缝的搭接宽度符合要求，上层卷材已盖过下层卷材，符合要求									符合要求
	3	侧墙卷材防水层的保护层与防水层应结合紧密，保护层厚度应符合设计要求	符合要求									符合要求
	4	卷材搭接宽度允许偏差（mm）	−10	−3	0	−2	−2	0	△₋₁₃	−9	−5 −9 −4	符合要求

主控项目：符合设计要求 ；一般项目：满足规范规定 ；共抽查 10 点，其中合格 9 点，合格率 90 ％

施工单位检查评定结果	检查评定符合要求。 施工班组长：××× 专业施工员：××× 质量员：××× ××××年××月××日	监理（建设）单位验收评定结论	同意验收。 专业监理工程师：××× （建设单位项目专业技术负责人）：××× ××××年××月××日

×××省住房和城乡建设厅印制

项目 4 主体结构分部工程质量验收

任务 1 主体结构工程验收的基本规定

【实训目的】

熟悉一般要求，熟悉主体工程检测及见证试验规定，掌握主体工程施工异常情况处理相关要求；掌握使用材料的质量检验项目、批量和检验方法；会进行质量验收划分，熟悉主体结构分部（子分部）工程质量验收的程序、内容及方法，能收集整理主体结构分部（子分部）工程质量验收所需资料。

【学习支持】

《建筑工程施工质量验收统一标准》GB 50300—2013、《砌体结构工程施工质量验收规范》GB 50203—2011、《混凝土结构工程施工质量验收规范》GB 50204—2015。

【任务实施】

收集相关资料，摘抄一般要求的相应内容。

任务 2 主体结构分部（子分部）工程所含检验批（部分）、分部工程（部分）质量验收表格填写

【实训目的】

会进行主体结构分部（子分部）工程所含检验批划分；会收集检验批验收资料；能查询相关的资料规范；掌握质量验收方法，会填写检验批验收表格；会依据资料填写分部（子分部）工程质量验收相关表格。

【学习支持】

《建筑工程施工质量验收统一标准》GB 50300—2013、《混凝土结构工程施工质量验收规范》GB 50204—2015、《砌体结构工程施工质量验收规范》GB 50203—2011。

【任务实施】

一、主体结构分部（子分部）工程所含分项工程及检验批名称

二、检验批验收资料收集（写出所收集的资料名称）

三、根据要求填写检验批、分部（子分部）质量验收表

1. 参照表 4-1～表 4-15 中已填写的表格，完成其他表格的填写。

2. 在资料实训室完成相应表格的应用软件电子档内容输入，并输出结果，存档后上交电子资料。

表 4-1

砖砌体工程检验批质量验收记录表
GB 50203—2011

资料号	××县××大酒店主楼 -C4-02-02-01-001

工程名称	××县××大酒店主楼							验收部位	①～⑫/Ⓐ～Ⓚ轴线			
施工单位	×××建设工程有限公司							项目经理	×××		建设(监理)单位验收意见	
施工执行标准名称及编号	《砌体结构工程施工质量验收规范》GB 50203—2011											

		施工质量验收规范的规定		施工单位检查评定记录										建设(监理)单位验收意见
主控项目	1	砖强度等级	设计要求	符合要求										符合要求
	2	砂浆强度等级	设计要求	符合要求										符合要求
	3	斜槎留置	5.2.3条	符合要求										符合要求
	4	转角、交接处	5.2.3条	符合要求										符合要求
	5	直槎拉结钢筋及接槎处理	5.2.4条	符合要求										符合要求
	6	砂浆饱满度	≥80%(墙)	97%	90%	90%	95%	85%	90%	95%	97%	81%	88%	符合要求
			≥90%(柱)	99%	90%	97%	91%	91%	95%	97%	92%	99%	99%	符合要求
一般项目	1	轴线位移	≤10mm	6	7	4	9	5	2	2	3	3	6	符合要求
	2	垂直度(每层)	≤5mm	1	2	4	3	4	2	1	4	4	2	符合要求
	3	组砌方法	5.3.1条	符合要求										符合要求
	4	水平灰缝厚度	5.3.2条	△7	8	11	11	8	11	10	10	11	12	符合要求
	5	竖向灰缝宽度	5.3.2条	9	△6	11	10	11	9	12	9	12	11	符合要求
	6	基础、墙、柱顶面标高	±15mm以内	-14	13	-1	3	-1	6	-2	-3	6	7	符合要求
	7	表面平整度	≤5mm(清水)	4	2	2	3	4	1	4	0	3	2	符合要求
			≤8mm(混水)	6	1	3	3	8	△10	4	4	5	6	符合要求
	8	门窗洞口高、宽(后塞口)	±10mm以内	0	△12	0	-10	5	-2	-2	2	-2	-7	符合要求
	9	窗口偏移	≤20mm	1	5	18	15	5	6	5	2	16	15	符合要求
	10	水平灰缝平直度	≤7mm(清水)	6	2	4	3	5	6	4	2	△9	2	符合要求
			≤10mm(混水)	7	2	9	△12	8	0	1	4	1	9	符合要求
	11	清水墙游丁走缝	≤20mm											

主控项目：符合设计要求 ；一般项目：满足规范规定 ；共抽查 130 点，其中合格 124 点，合格率 95.4 %

施工单位检查评定结果	检查评定符合要求。 施工班组长：××× 专业施工员：××× 质量员：××× ××××年××月××日	监理(建设)单位验收评定结论	同意验收。 专业监理工程师：××× (建设单位项目专业技术负责人)：××× ××××年××月××日

××× 省住房和城乡建设厅印制

25

表 4-2

填充墙砌体工程检验批质量验收记录表

GB 50203—2011

| | | 资料号 | |

工程名称			验收部位		
施工单位			项目经理		建设（监理）单位验收意见
施工执行标准名称及编号					

		施工质量验收规范的规定		施工单位检查评定记录							
主控项目	1	砖强度等级	设计要求								
	2	砂浆强度等级	设计要求								
	3	斜槎留置	9.2.2条								
	4	转角、交接处	9.2.3条								
一般项目	1	轴线位移	≤10mm								
	2	墙面垂直度（每层） ≤3m	≤5mm								
		>3m	≤10mm								
	3	表面平整度	≤8mm								
	4	门窗洞口	±10mm								
	5	窗口偏移	≤20mm								
	6	水平缝砂浆饱满度	≥80%								
	7	竖缝砂浆饱满度	≥80%								
	8	拉结筋、网片位置	9.3.3条								
	9	拉结筋、网片埋置长度	9.3.3条								
	10	搭接长度 蒸压加气砌块	≥L/3（L为砌块长度）								
		轻骨料砌块	≥90mm								
	11	灰缝厚度、宽度 烧结空心砖、轻骨料混凝土小型空心砌块	8～12mm								
		水泥砂浆、水泥混合砂浆	≤15mm								
		粘结砂浆	3～4mm								

主控项目： ；一般项目： ；共抽查 点，其中合格 点，合格率 %

施工单位检查评定结果	施工班组长： 专业施工员： 质量员： 年 月 日	监理（建设）单位验收评定结论	专业监理工程师： （建设单位项目专业技术负责人）： 年 月 日

表 4-3

配筋砌体工程检验批质量验收记录表
GB 50203—2011

资料号

												建设（监理）单位验收意见
工程名称				验收部位								
施工单位				项目经理								
施工执行标准名称及编号												
		施工质量验收规范的规定		施工单位检查评定记录								
主控项目	1	钢筋品种、规格、数量和设置部位	8.2.1条									
	2	混凝土强度等级	设计要求									
	3	马牙槎尺寸	8.2.3条									
	4	马牙槎拉结筋	8.2.3条									
	5	钢筋连接	8.2.4条									
	6	钢筋锚固长度	8.2.4条									
	7	钢筋搭接长度	8.2.4条									
一般项目	1	构造柱中心位置	≤10mm									
	2	构造柱层间错位	≤8mm									
	3	构造柱垂直度（每层）	≤10mm									
	4	灰缝钢筋防腐	8.3.2条									
	5	网状配筋规格	8.3.3条									
	6	网状配筋位置	8.3.3条									
	7	钢筋保护层厚度	8.3.4条									
	8	凹槽中水平钢筋间距	8.3.4条									

主控项目： ；一般项目： ；共抽查 点，其中合格 点，合格率 ％

施工单位检查评定结果	施工班组长： 专业施工员： 质量员： 年 月 日	监理（建设）单位验收评定结论	专业监理工程师： (建设单位项目专业技术负责人)： 年 月 日

×××省住房和城乡建设厅印制

表 4-4

模板安装工程检验批质量验收记录表
GB 50204—2015
（Ⅰ）

资料号	××县××大酒店主楼-C4-02-01-01-001

单位名称	××县××大酒店主楼	验收部位	①～⑫/Ⓐ～Ⓚ轴线	建设（监理）单位验收意见
施工单位	×××建设工程有限公司	项目经理	×××	
施工执行标准名称及编号	《混凝土结构工程施工质量验收规范》GB 50204—2015			

		施工质量验收规范的规定		施工单位检查评定记录	建设（监理）单位验收意见
主控项目	1	安装现浇结构的上层模板及支架时，下层楼板应具有承受上层荷载的承载力，或加设支架；上、下层支架的立柱应对准，并铺设垫板		检查了施工技术方案及模板支承系统，符合验收规范要求	符合要求
	2	在涂刷模板隔离剂时，不得沾污钢筋和混凝土接槎处		模板隔离剂涂刷符合要求，无沾污钢筋和混凝土现象	符合要求
一般项目	1	模板安装的一般要求应符合规范规定		模板安装符合要求，接缝不漏浆，无积水，清理干净，已涂刷隔离剂	符合要求
	2	用作模板的地坪、胎模等应平整光洁，不得产生影响构件质量的下沉、裂缝、起砂或起鼓		符合要求	符合要求
	3	跨度≥4m的模板起拱高度应符合设计要求；当设计无要求时，按跨度的1/1000～3/1000起拱		跨度大于4m的构件模板支设按1.5/1000起拱，符合要求	符合要求

一般项目 4 预埋件、预留孔允许偏差（mm）

项目	允许偏差	检查评定记录										验收意见
预埋钢板中心线位置	3	1	④	1	3	0	0	3	3	1	2	符合要求
预埋管、预留孔中心线位置	3	2	0	1	1	2	3	④	1	1	2	符合要求
插筋 中心线位置	5	1	0	5	3	0	2	3	5	4	0	符合要求
插筋 外露长度	+10,0	3	0	2	4	2	5	3	0	3	6	符合要求
预埋螺栓 中心线位置	2	1	1	0	③	1	1	2	1	1	0	符合要求
预埋螺栓 外露长度	+10,0	9	9	⑭	0	5	2	1	1	7	9	符合要求
预留洞 中心线位置	10	4	⑪	0	10	0	3	4	8	7	3	符合要求
预留洞 尺寸	+10,0	1	4	1	9	9	6	⑪	5	10	4	符合要求

一般项目 5 现浇结构模板安装允许偏差（mm）

项目	允许偏差	检查评定记录										验收意见
轴线位移	5	4	2	⑦	1	3	2	3	0	2	1	符合要求
底模上表面标高	±5	⑥	-2	0	3	-4	0	0	5	1	-4	符合要求
截面内部尺寸 基础	±10	0	-3	-1	3	6	-9	0	⑬	-1	2	符合要求
截面内部尺寸 柱、墙、梁	+4,-5	-3	4	0	1	-4	1	-3	0	3	2	符合要求
层高垂直度 不大于5m	6	0	1	6	4	2	4	⑦	1	1	2	符合要求
层高垂直度 大于5m	8	⑪	7	5	1	4	6	8	3	2	0	符合要求
相邻两板表面高低差	2	1	1	0	1	0	0	0	1	0	1	符合要求
表面平整度	5	4	5	1	3	3	2	2	3	3	2	符合要求

主控项目：符合要求 ；一般项目：满足规范规定；共抽查160点，其中合格149点，合格率93.1 %

施工单位检查评定结果	检查评定符合要求。 施工班组长：××× 专业施工员：××× 质量员：××× ××××年××月××日	监理（建设）单位验收评定结论	同意验收。 专业监理工程师：××× （建设单位项目专业技术负责人）：××× ××××年××月××日

×××省住房和城乡建设厅印制

表 4-5

钢筋加工工程检验批质量验收记录表
GB 50204—2015
（Ⅰ）

单位名称				验收部位				
施工单位				项目经理				建设（监理）单位验收意见
施工执行标准名称及编号								

		施工质量验收规范的规定			施工单位检查评定记录			
主控项目	1	力学性能和重量偏差检验						
	2	抗震用钢筋强度和最大力下总伸长率的实测值						
	3	当发现钢筋脆断、焊接性能不良或力学性能显著不正常等现象时，应对该钢筋进行化学成分检验或其他专项检验						
	4	受力钢筋的弯钩和弯折应符合规范规定						
	5	除焊接封闭环式箍筋外，箍筋的末端应作弯钩，弯钩形式应符合设计要求。设计无要求时应符合规范规定						
	6	钢筋调直后力学性能和重量偏差的检验	钢筋调直后的力学性能符合规范规定					
			直条钢筋调直后的断后伸长率符合规范规定					
			单位长度重量偏差（%）符合规范规定					
一般项目	1	钢筋应平直、无损伤，表面不得有裂纹、油污、颗粒状或片状老锈						
	2	钢筋调直宜采用机械方法，也可采用冷拉方法。当采用冷拉方法时，冷拉率：HPB300 不宜大于 4%；HRB335、HRB400 和 RRB400 不宜大于 1%						
	3	钢筋加工的形状、尺寸允许偏差（mm）	受力钢筋顺长度方向全长的净尺寸	±10				
			弯起钢筋的弯折位置	±20				
			箍筋的内净尺寸	±5				

主控项目： ；一般项目： ；共抽查 点，其中合格 点，合格率 %

施工单位检查评定结果	施工班组长： 专业施工员： 质量员： 年 月 日	监理（建设）单位验收评定结论	专业监理工程师： （建设单位项目专业技术负责人）： 年 月 日

×××省住房和城乡建设厅印制

表 4-6

钢筋安装工程检验批质量验收记录表
GB 50204—2015

			资料号	

单位名称			验收部位		
施工单位			项目经理		建设
施工执行标准名称及编号					（监理）单位验收意见

		施工质量验收规范的规定		施工单位检查评定记录	
主控项目	1	纵向受力钢筋的连接方式符合设计要求			
	2	按 JGJ 107、JGJ 18 规定抽取钢筋机械连接接头、钢筋焊接接头试件作力学性能检验，质量符合有关规程规定			
	3	受力钢筋的品种、级别、规格和数量必须符合设计要求			
一般项目	1	钢筋的连接接头宜设置在构件受力较小处。同一纵向受力钢筋不宜设置两个或两个以上接头，接头末端至钢筋起弯点的距离不应小于钢筋直径的 10 倍			
	2	直接承受动力荷载拉接钢筋的设置应符合规范规定			
	3	设置在同一构件内的钢筋接头宜相互错开，接头面积百分率应符合设计要求和相关规范的规定			
	4	相邻纵向受力钢筋绑扎搭接接头应相互错开，搭接接头中钢筋的纵向净距不应小于钢筋直径且不小于 25mm。接头面积百分率符合设计要求和规范的规定			
	5	梁、柱纵向受力钢筋绑扎搭接长度范围内箍筋的配置应符合设计要求和规范的规定			

		允许偏差(mm)	绑扎钢筋网	长、宽	±10							
	6			网眼尺寸	±20							
			绑扎钢筋骨架	长	±10							
				宽、高	±5							
			受力钢筋	间距	±10							
				排距	±5							
				保护层厚度 基础	±10							
				柱、梁	±5							
				板、墙、壳	±3							
			绑扎箍筋、横向钢筋间距		±20							
			钢筋弯起点位置		20							
			预埋件	中心线位置	5							
				水平高差	+3，0							

主控项目： ；一般项目： ；共抽查 点，其中合格 点，合格率 ％

施工单位检查评定结果	施工班组长：专业施工员：质量员：年 月 日	监理（建设）单位验收评定结论	专业监理工程师：（建设单位项目专业技术负责人）：年 月 日

×××省住房和城乡建设厅印制

表 4-7

混凝土原材料及配合比检验批质量验收记录表
GB 50204—2015
（Ⅰ）

资料号	

单位名称		验收部位		建设（监理）单位验收意见
施工单位		项目经理		
施工执行标准名称及编号				

		施工质量验收规范的规定	施工单位检查评定记录	
主控项目	1	水泥进场时应对其品种、级别、包装或散装仓号，出厂日期等进行检查，并应对其强度、安定性及其他必要的性能指标进行复验。严禁使用含氯化物的水泥		
	2	掺用外加剂的质量及应用技术应符合标准 GB 8076、GB 50119 等与有关环境保护的规定。预应力混凝土结构中，严禁使用含氯化物的外加剂。钢筋混凝土结构中，使用含氯化物外加剂时，氯化物的总含量应符合现行标准 GB 50164 规定		
	3	混凝土中氯化物和碱的总含量应符合设计和规范 GB 50010 的规定		
	4	混凝土配合比设计应符合设计要求和《普通混凝土配合比设计规程》JGJ 55 的规定，根据混凝土强度等级、耐久性和工作性等要求进行配合比设计。有特殊要求的混凝土尚应符合专门标准规定		
一般项目	1	混凝土中矿物掺合料的质量应符合 GB/T 1596 的规定，掺量应通过试验确定		
	2	混凝土所用的粗、细骨料的质量应符合 JGJ 52 的规定		
	3	拌制混凝土宜采用饮用水，当采用其他水源时，水质应符合 JGJ 63 的规定		
	4	首次使用的混凝土配合比应进行开盘鉴定，其工作性应满足设计配合比的要求。开始生产时，至少留置一组标养试块作为验证配合比的依据		
	5	混凝土拌制前，应测定砂、石含水率；并根据测试结果调整材料用量，提出施工配合比		

主控项目：	；一般项目：	

施工单位检查评定结果	施工班组长： 专业施工员： 质量员： 　　　　　　　　　　　年 月 日	监理（建设）单位验收评定结论	专业监理工程师： （建设单位项目专业技术负责人）： 　　　　　　　　　　　年 月 日

表 4-8

混凝土施工检验批质量验收记录表
GB 50204—2015
(Ⅱ)

资料号	

单位名称		验收部位		建设(监理)单位验收意见
施工单位		项目经理		
施工执行标准名称及编号				

		施工质量验收规范的规定		施工单位检查评定记录	建设(监理)单位验收意见
主控项目	1	结构混凝土强度等级必须符合设计要求;试件的取样留置应符合规范规定	设计强度		
	2	抗渗混凝土等级应符合设计要求;试件的取样留置应符合规范 JGJ 55 规定	抗渗等级		
	3	混凝土原材料每盘称量的允许偏差	水泥、掺合料 ±2%		
			粗、细骨料 ±3%		
			水、外加剂 ±2%		
	4	混凝土运输、浇筑及间歇的全部时间不应超过初凝时间。同一施工段的混凝土应连续浇筑,并应在底层混凝土初凝之前将上层混凝土浇筑完毕。否则应按施工方案的要求对施工缝进行处理			
一般项目	1	施工缝的位置按设计要求和施工技术方案确定。施工缝的处理应按施工技术方案执行			
	2	后浇带的留置位置应按设计要求和施工技术方案确定,后浇带的混凝土浇筑应按施工技术方案进行			
	3	混凝土浇筑完毕后,应按施工技术方案及时采取有效养护措施,并应符合规范规定			

主控项目: ;一般项目:

施工单位检查评定结果	施工班组长: 专业施工员: 质量员: 年 月 日	监理(建设)单位验收评定结论	专业监理工程师: (建设单位项目专业技术负责人): 年 月 日

×××省住房和城乡建设厅印制

表 4-9

隐蔽工程验收记录
表 C2-5

资料号	××县××大酒店主楼 -C2-02-记-01-001

单位名称	××县××大酒店主楼		
隐检项目	钢筋绑扎	隐检日期	××××年×月×日
隐检部位	一 层 ①～⑫/Ⓐ～Ⓚ 轴线 3.600m 标高		

隐检依据：施工图图号＿＿＿＿＿＿结施－03、结施－04＿＿＿＿＿＿＿，设计变更/洽
商（编号＿＿＿＿＿＿＿＿＿/＿＿＿＿＿＿＿＿＿）及有关国家现行标准等。

主要使用材料名称及规格/型号：直径 8、10mm 的 HPB300 钢筋、直径 18、20、22mm 的 HRB335 钢筋。

＿＿

隐检内容：1. 钢筋采用闪光焊、电渣压力焊，接头已送实验室；2. 绑扎采用双铅丝，每个绑扎点采用八字扣绑扎，丝头朝混凝土内部；3. 保护层厚度，钢筋无锈蚀、污染，杂物已清理干净；4. 钢筋已做原材料试验，附：钢筋试验报告。隐蔽工程已做完，请予以检查。

说明：图示或隐蔽前工程实物照片：

（略）

验收意见： ☑ 同意验收 □ 不同意验收，修改后进行复验

复验意见： ☑ 同意验收 □ 不同意验收，修改后再进行复验

复验人： ××× 复验日期： ××××年××月××日

施工单位检查评定结果	符合要求。 专业工长：××× 质量员：××× 项目技术负责人：××× 　　　　×××× 年××月××日	监理（建设）单位验收评定结论	同意验收。 专业监理工程师：××× （建设单位项目专业技术负责人）：××× 　　　　×××× 年××月××日

×××省住房和城乡建设厅印制

表 4-10

隐蔽工程验收记录
表 C2-5

		资料号	

单位名称			
隐检项目		隐检日期	年 月 日
隐检部位	层 轴线	标高	

隐检依据：施工图图号_____，设计

变更/洽商（编号_____）及有关国家现行标

准等。

主要使用材料名称及规格/型号：_____

_____

_____

隐检内容：_____

_____

_____

说明：图示或隐蔽前工程实物照片：

验收意见：　□　同意验收　　　□　不同意验收，修改后进行复验

复验意见：　□　同意验收　　　□　不同意验收，修改后再进行复验

复验人：　　　　　　　　　　　　　　　　　　　　复验日期：　　年　月　日

施工单位检查评定结果	专业工长： 质量员： 项目技术负责人： 　　　　　　　　年　月　日	监理（建设）单位验收评定结论	专业监理工程师： （建设单位项目专业技术负责人）： 　　　　　　　　年　月　日

×××省住房和城乡建设厅印制

表 4-11

＿＿＿＿＿分部工程验收记录表
表 C4-1

资料号	

单位名称				验收部位	
施工单位		技术部门负责人		质量部门负责人	
分包单位		单位负责人		项目经理	

序号	子分部工程名称	施工单位检查评定结果	监理（建设）单位验收意见
1			
2			
3			
4			
5			
6			
7			
8			
9			
10			
质量控制资料			
安全与功能检测资料			
观感质量验收			
子分部工程优良率			
分部工程质量等级			

验收单位	分包单位		项目经理	
	施工单位		项目经理	
	勘察单位		项目负责人	
	设计单位		项目负责人	
	监理单位		总监理工程师	
	建设单位		项目负责人	

本表由施工单位填写，建设单位、施工单位、监理单位、城建档案馆各保存一份。

×××省住房和城乡建设厅印制

表 4-12

主体结构分部工程质量控制资料
及验收资料核查验收记录

表 C4-10

		资料号	

单位（子单位）工程名称			
分包子分部工程名称			

施工单位			项目技术负责人	

序号	资料名称	份数	核查意见	核查人
	测量资料			
1	楼层平面放线及标高实测记录			
2	楼层平面标高抄测记录			
3	建筑物垂直度、全高测量记录			
4	建筑物沉降观测记录			
	物资资料			
1	材料、构配件进场验收记录			
2	钢筋原材、钢筋连接件及焊材出厂质量证明文件			
3	钢筋机械连接接头型式检验报告			
4	水泥出厂质量证明文件			
5	砂、石出厂质量证明文件			
6	砌块出厂质量证明文件			
7	外加剂出厂质量证明文件			
8	预制混凝土构件出厂质量证明文件			
9	钢构件及连接件出厂质量证明文件			
10	预拌混凝土出厂质量证明文件			
11	预拌混凝土运输单			
	记录资料			
1	隐蔽工程验收			
2	交接检查记录			
3	混凝土浇灌申请书			

施工单位检查评定结果	施工班组长： 专业施工员： 质量员： 年 月 日	监理（建设）单位验收意见	专业监理工程师： （建设单位项目专业技术负责人）： 年 月 日

本表由施工单位填写，建设单位、施工单位、监理单位、城建档案馆各保存一份。

×××省住房和城乡建设厅印制

表 4-13

主体结构分部工程质量安全和功能检验资料
核查及主要功能抽查记录

表 C4-11

资料号	

单位（子单位）工程名称					
分包子分部工程名称					
施工单位			项目技术负责人		

序号	安全和功能检验项目	份数	核查意见		核查人
1	钢结构焊接工艺评定报告				
2	螺栓最小荷载试验报告				
3	超声波探伤检测标高				
4	钢构件射线探伤检测报告				
5	磁粉探伤检测报告				
6	钢筋连接工艺检验（评定）报告				
7	钢筋连接接头性能检测报告				
8	后置埋件现场拉拔检测报告				
9	网架节点承载力试验报告				
10	钢结构涂料厚度检测报告				
11	结构实体质量检测报告				
12	预制构件结构性能检测报告				
13	建筑物变形观测报告				

施工单位检查评定结果	施工班组长： 专业施工员： 质量员： 　　　　年　月　日	监理（建设）单位验收意见	专业监理工程师： （建设单位项目专业技术负责人）： 　　　　年　月　日

本表由施工单位填写，建设单位、施工单位、监理单位、城建档案馆各保存一份。

×××省住房和城乡建设厅印制

表 4-14

主体结构分部工程观感质量检查验收记录
表 C4-12

资料号	

单位（子单位）工程名称								
分包子分部工程名称								

施工单位				项目技术负责人				

序号	项 目	施工单位自评			验收检查记录	验收评价		
		好	一般	差		好	一般	差
1	楼面板混凝土							
2	梁、柱混凝土							
3	室内墙体							
4	楼梯、踏步							
5	风道、井道							
6	节点构造							
7	木屋架							
8	钢屋架							
9	钢网架							
10	压型金属板							
11	变形缝							
12	后浇带							

施工单位检查意见	项目经理（注册建造师）： 企业技术负责人： 年 月 日	监理（建设）单位验收意见	监理工程师： （建设单位项目技术负责人）： 年 月 日

本表由施工单位填写，建设单位、施工单位、监理单位、城建档案馆各保存一份。

×××省住房和城乡建设厅印制

表 4-15

<u>混凝土结构</u> 子分部工程验收记录
表 **C4-6**

资料号	××县××大酒店主楼 -C4-02-01-06-001

工程名称	××县××大酒店主楼		分项工程数	
施工单位	×××建设工程有限公司	项目经理 ×××	项目技术负责人	×××
分包单位	—	单位负责人 —	项目经理	×××

序号	分项工程名称	施工单位检查评定结果	监理（建设）单位验收意见
1	混凝土	符合要求，合格	符合要求，合格
2	模板	符合要求，合格	符合要求，合格
3	钢筋	符合要求，合格	符合要求，合格
4	现浇混凝土	符合要求，合格	符合要求，合格
5			
6			
7			
8			
9			
10			
11			

备注：

共 4 个分项工程，其中评定为优良等级的分项工程 0 个，分项工程优良率为 0 ％

施工单位检查意见	符合要求，合格。 项目经理（建造师）：××× 企业技术负责人：××× ××××年××月××日	监理（建设）单位验收意见	符合要求，合格，同意验收。 监理工程师：××× （建设单位项目技术负责人）：××× ××××年××月××日

本表由施工单位填写，建设单位、施工单位、监理单位、城建档案馆各保存一份。

×××省住房和城乡建设厅印制

项目 5　建筑屋面分部工程质量验收

任务 1　屋面分部工程验收的基本规定

【实训目的】

熟悉一般要求，熟悉屋面工程检测及见证试验规定，掌握屋面工程施工异常情况处理相关要求；掌握使用材料的质量检验项目、批量和检验方法；会进行质量验收划分。

【学习支持】

《建筑工程施工质量验收统一标准》GB 50300—2013 和《屋面工程质量验收规范》GB 50207—2012。

【任务实施】

收集相关资料，摘抄一般要求的相应内容。

任务 2　屋面分部（子分部）工程所含
检验批（部分）质量验收表格填写

【实训目的】

会进行屋面分部（子分部）工程所含检验批划分；会收集检验批验收资料；会填写检验批验收表格，能查询相关的规范；掌握质量验收方法。

【学习支持】

《建筑工程施工质量验收统一标准》GB 50300—2013 和《屋面工程质量验收规范》GB 50207—2012。

【任务实施】

一、屋面分部（子分部）工程所含分项工程及检验批名称

二、检验批验收资料收集（写出所收集的资料名称）

三、根据要求填写检验批（部分）质量验收表。

1. 参照表 5-1～表 5-9 中已填写的表格，完成其他表格的填写。

2. 在资料实训室完成相应表格的应用软件电子档内容输入，并输出结果，存档后上交电子资料。

表 5-1

找坡层检验批质量验收记录表
GB 50207—2012

	资料号	××县××大酒店主楼 -C4-04-01-01-001

单位名称	××县××大酒店主楼	验收部位	①～⑫/Ⓐ～Ⓚ轴线	建设（监理）单位验收意见
施工单位	×××建设工程有限公司	项目经理	×××	
施工执行标准名称及编号	《屋面工程质量验收规范》GB 50207—2012			

		施工质量验收规范的规定	施工单位检查评定记录	建设（监理）单位验收意见
主控项目	1	找坡层所用材料的质量及配合比应符合设计要求	符合要求	符合要求
	2	找坡层的排水坡度应符合设计要求	符合要求	符合要求
一般项目	1	表面平整度允许偏差（mm）	7　1　△8　5　1　3　0　0　6　4　7	符合要求

主控项目：符合设计要求；一般项目：满足规范规定；共抽查 10 点，其中合格 9 点，合格率 90 ％

施工单位检查评定结果	检查评定符合要求。 施工班组长：××× 专业施工员：××× 质量员：××× 　　　×××年××月××日	监理（建设）单位验收评定结论	同意验收。 专业监理工程师：××× （建设单位项目专业技术负责人）：××× 　　　××××年××月××日

×××省住房和城乡建设厅印制

表 5-2

找平层检验批质量验收记录表
GB 50207—2012

	资料号	

单位名称		验收部位		
施工单位		项目经理		建设（监理）单位验收意见
施工执行标准名称及编号				

		施工质量验收规范的规定	施工单位检查评定记录
主控项目	1	找平层所用材料的质量及配合比应符合设计要求	
	2	找平层的排水坡度应符合设计要求	
一般项目	1	找平层应抹平、压光，不得有酥松、起砂、起皮现象	
	2	卷材防水层的基层与突出屋面结构的交接处，以及基层的转角处，找平层应做成圆弧形，且应整齐平顺	
	3	找平层分格缝的宽度和间距均应符合设计要求	
	4	表面平整度允许偏差（mm）	5

主控项目：　　　；一般项目：　　　；共抽查　　　点，其中合格　　　点，合格率　　　%

施工单位检查评定结果	施工班组长： 专业施工员： 质量员： 　　　　年　月　日	监理（建设）单位验收评定结论	专业监理工程师： （建设单位项目专业技术负责人）： 　　　　年　月　日

表 5-3

板状材料保温层检验批质量验收记录表
GB 50207—2012

	资料号	××县××大酒店主楼 -C4-04-01-02-001

单位名称	××县××大酒店主楼	验收部位	①～⑫/Ⓐ～Ⓚ轴线	建设（监理）单位验收意见
施工单位	×××建设工程有限公司	项目经理	×××	
施工执行标准名称及编号		《屋面工程质量验收规范》GB 50207—2012		

		施工质量验收规范的规定		施工单位检查评定记录									建设（监理）单位验收意见
主控项目	1	板状保温材料的质量应符合设计要求		符合要求									
	2	板状材料保温层的厚度应符合设计要求，其正偏差不限，负偏差为 5%，且不得大于 4mm		符合要求									
	3	屋面热桥部位处理应符合设计要求		符合要求									
一般项目	1	板状保温材料铺设应紧贴基层，应铺平垫稳，拼缝应严密，粘贴应牢固		经检查，板状保温材料铺设紧贴基层，已铺平垫稳，拼缝严密，粘贴牢固，符合要求									
	2	固定件的规格、数量和位置均应符合设计要求；垫片应与保温层表面齐平		经检查，固定件的规格、数量和位置均符合设计要求；垫片与保温层表面齐平，符合要求									
	3	表面平整度允许偏差（mm）	5	2	3	⚠7	4	4	1	2	1	4	3
	4	接缝高低差允许偏差（mm）	2	1	2	1	1	0	0	1	1	0	0

主控项目：符合设计要求 ；一般项目：满足规范规定 ；共抽查20点，其中合格19点，合格率95 ％

施工单位检查评定结果	检查评定符合要求。 施工班组长：××× 专业施工员：××× 质量员：××× 　　×××年××月××日	监理（建设）单位验收评定结论	同意验收。 专业监理工程师：××× （建设单位项目专业技术负责人）：××× 　　×××年××月××日

×××省住房和城乡建设厅印制

表 5-4

纤维材料保温层检验批质量验收记录表
GB 50207—2012

资料号	

单位名称		验收部位		
施工单位		项目经理		建设（监理）单位验收意见
施工执行标准名称及编号				

		施工质量验收规范的规定	施工单位检查评定记录	
主控项目	1	纤维保温材料的质量应符合设计要求		
	2	纤维材料保温层的厚度应符合设计要求，其正偏差不限，毡不得有负偏差，板负偏差应为4%，且不得大于3mm		
	3	屋面热桥部位处理应符合设计要求		
一般项目	1	纤维保温材料铺设应紧贴基层，拼缝应严密，表面应平整		
	2	固定件的规格、数量和位置应符合设计要求；垫片应与保温层表面齐全		
	3	装配式骨架和水泥纤维板应铺钉牢固，表面应平整；龙骨间距和板材厚度应符合设计要求		
	4	具有抗水蒸气渗透外覆面的玻璃棉制品，其外覆面应朝向室内，拼缝应用防水密封胶带封严		

主控项目：　　　　　　　　　　　　　　　　；一般项目：

施工单位检查评定结果	施工班组长： 专业施工员： 质量员： 　　　　　　年　月　日	监理（建设）单位验收评定结论	专业监理工程师： （建设单位项目专业技术负责人）： 　　　　　　年　月　日

×××省住房和城乡建设厅印制

表 5-5

卷材防水层检验批质量验收记录表
GB 50207—2012

资料号	××县××大酒店主楼
	-C4-04-03-01-001

单位名称	××县××大酒店主楼		验收部位	①～⑫/Ⓐ～Ⓚ轴线	
施工单位	×××建设工程有限公司		项目经理	×××	建设 (监理) 单位验 收意见
施工执行标准名称及编号		《屋面工程质量验收规范》GB 50207—2012			

		施工质量验收规范的规定	施工单位检查评定记录									建设 (监理) 单位验 收意见
主控项目	1	防水卷材及其配套材料的质量应符合设计要求	符合要求									符合要求
	2	卷材防水层不得有渗漏和积水现象	经检查，卷材防水层无渗漏和积水现象，符合设计要求									符合要求
	3	卷材防水层在檐口、檐沟、天沟、水落口、泛水、变形缝和伸出屋面管道的防水构造，应符合设计要求	经检查，檐口、檐沟、天沟、水落口、泛水、变形缝和伸出屋面管道的防水构造，符合设计要求									符合要求
一般项目	1	卷材的搭接缝应粘贴或焊接牢固，密封应严密，不得扭曲、皱折和翘边	经检查，卷材搭接缝处粘贴或焊接牢固，密封严密，无扭曲、皱折和翘边，符合要求									符合要求
	2	卷材防水层的收头应与基层粘结，钉压应牢固，密封应严密	经检查，卷材防水层的收头与基层粘结牢固，钉压牢固，密封严密，符合要求									符合要求
	3	卷材防水层的铺贴方向应正确，卷材搭接宽度的允许偏差为—10mm	−4	−9	−2	−3	−9	−9	−10	⚠−14	−6	−9	符合要求
	4	屋面排气构造的排气道应纵横贯通，不得堵塞；排气管应安装牢固，位置应正确，封闭应严密	符合要求										符合要求

主控项目：符合设计要求；一般项目：满足规范规定；共抽查10点，其中合格9点，合格率90％

施工单位检查评定结果	检查评定符合要求。 施工班组长：××× 专业施工员：××× 质量员：××× 　　　　　××××年××月××日	监理 (建设) 单位 验收 评定 结论	同意验收。 专业监理工程师：××× (建设单位项目专业技术负责人)：××× ××××年××月××日

×××省住房和城乡建设厅印制

表 5-6

涂膜防水层检验批质量验收记录表
GB 50207—2012

	资料号	

单位名称			验收部位		
施工单位			项目经理		建设（监理）单位验收意见
施工执行标准名称及编号					

		施工质量验收规范的规定	施工单位检查评定记录	建设（监理）单位验收意见
主控项目	1	防水涂料和胎体增强材料的质量应符合设计要求		
	2	涂膜防水层不得有渗漏和积水现象		
	3	涂膜防水层在檐口、檐沟、天沟、水落口、泛水、变形缝和伸出屋面管道的防水构造，应符合设计要求		
	4	涂膜防水层的平均厚度应符合设计要求，且最小厚度不得小于设计厚度的80%		
一般项目	1	涂膜防水层与基层应粘结牢固，表面应平整，涂布应均匀，不得有流淌、皱折、起泡和露胎体等缺陷		
	2	涂膜防水层的收头应用防水涂料多遍涂刷		
	3	铺贴胎体增强材料应平整顺直，搭接尺寸应准确，应排除气泡，并应与涂料粘结牢固；胎体增强材料接宽度的允许偏差为−10mm		

主控项目：　　　　　　；一般项目：　　　　　　；共抽查　　　点，其中合格　　　点，合格率　　　%

施工单位检查评定结果	施工班组长：专业施工员：质量员：　　　　　　　　年　月　日	监理（建设）单位验收评定结论	专业监理工程师：（建设单位项目专业技术负责人）：　　　　　　　　年　月　日

×××省住房和城乡建设厅印制

表 5-7

烧结瓦和混凝土瓦铺装检验批
质量验收记录表
GB 50207—2012

	资料号	××县××大酒店主楼-C4-04-04-01-001

单位名称	××县××大酒店主楼		验收部位	①～⑫/Ⓐ～Ⓚ轴线	
施工单位	×××建设工程有限公司		项目经理	×××	建设（监理）单位验收意见
施工执行标准名称及编号		《屋面工程质量验收规范》GB 50207—2012			

		施工质量验收规范的规定	施工单位检查评定记录	建设（监理）单位验收意见
主控项目	1	瓦材及防水垫层的质量应符合设计要求	符合要求	符合要求
	2	烧结瓦、混凝土瓦层面不得有渗漏现象	烧结瓦、混凝土瓦层面无渗漏现象，符合要求	符合要求
	3	瓦片必须铺置牢固。在大风及地震设防地区或屋面坡度大于100％时，应按设计要求采取固定加强措施	符合要求	符合要求
一般项目	1	挂瓦条应分档均匀，铺钉应平整、牢固；瓦面应平整，行列应整齐，搭接应紧密，檐口应平直	挂瓦条分档均匀，铺钉平整、牢固；瓦面平整，行列整齐，搭接紧密，檐口平直，符合要求	符合要求
	2	脊瓦应搭盖正确，间距应均匀，封固应严密；正脊和斜脊应顺直，应无起伏现象	脊瓦搭盖正确，间距均匀，封固严密；正脊和斜脊顺直，无起伏现象，符合要求	符合要求
	3	泛水做法应符合设计要求，并应顺直整齐、结合严密	泛水做法符合设计要求，顺直整齐、结合严密，符合要求	符合要求
	4	烧结瓦和混凝土瓦铺装的有关尺寸应符合设计要求	符合要求	符合要求

主控项目：	符合设计要求	；一般项目：	满足规范要求

施工单位检查评定结果	检查评定符合要求。 施工班组长：××× 专业施工员：××× 质量员：××× ××××年××月××日	监理（建设）单位验收评定结论	同意验收。 专业监理工程师：××× （建设单位项目专业技术负责人）：××× ××××年××月××日

×××省住房和城乡建设厅印制

表 5-8

沥青瓦铺装检验批质量验收记录表
GB 50207—2012

	资料号	

单位名称		验收部位		
施工单位		项目经理		建设（监理）单位验收意见
施工执行标准名称及编号				

		施工质量验收规范的规定	施工单位检查评定记录	
主控项目	1	沥青瓦及防水垫层的质量应符合设计要求		
	2	沥青瓦屋面不得有渗漏现象		
	3	沥青瓦铺设应搭接正确，瓦片外露部分不得超过切口长度		
一般项目	1	沥青瓦所用固定钉应垂直钉入持钉层，钉帽不得外露		
	2	沥青瓦应与基层粘钉牢固，瓦面应平整，檐口应平直		
	3	泛水做法应符合设计要求，并应顺直整齐、结合紧密		
	4	沥青瓦铺装的有关尺寸应符合设计要求		

主控项目：　　　　　　　　　　　；一般项目：

施工单位检查评定结果	施工班组长： 专业施工员： 质量员： 　　　　　　　年　月　日	监理（建设）单位验收评定结论	专业监理工程师： （建设单位项目专业技术负责人）： 　　　　　　　　　　　年　月　日

×××省住房和城乡建设厅印制

49

表 5-9

檐口检验批质量验收记录表
GB 50207—2012

	资料号	××县××大酒店主楼 -C4-04-05-01-001

单位名称	××县××大酒店主楼		验收部位	①～⑫/Ⓐ～Ⓚ轴线	
施工单位	×××建设工程有限公司		项目经理	×××	建设（监理）单位验收意见
施工执行标准名称及编号		《屋面工程质量验收规范》GB 50207—2012			

		施工质量验收规范的规定	施工单位检查评定记录	
主控项目	1	檐口的防水构造应符合设计要求	符合要求	符合要求
	2	檐口的排水坡度应符合设计要求；檐口部位不得有渗漏和积水现象	檐口的排水坡度符合设计要求；檐口部位无渗漏和积水现象，符合要求	符合要求
一般项目	1	檐口800mm范围内的卷材应满粘	檐口800mm范围内的卷材已满粘，符合要求	符合要求
	2	卷材收头应在找平层的凹槽内用金属压条钉压固定，并应用密封材料封严	卷材收头在找平层的凹槽内已用金属压条钉压固定，并已用密封材料封严，符合要求	符合要求
	3	涂膜收头应用防水涂料多遍涂刷	涂膜收头已用防水涂料多遍涂刷，符合要求	符合要求
	4	檐口端部应抹聚合物水泥砂浆，其下端应做成鹰嘴和滴水槽	檐口端部抹聚合物水泥砂浆，其下端已做成鹰嘴和滴水槽，符合要求	符合要求

主控项目：　　符合设计要求　　；一般项目：　　满足规范规定

施工单位检查评定结果	检查评定符合要求。 施工班组长：××× 专业施工员：××× 质量员：××× 　　　　　××××年××月××日	监理（建设）单位验收评定结论	同意验收。 专业监理工程师：××× （建设单位项目专业技术负责人）：××× 　　　　　××××年××月××日

×××省住房和城乡建设厅印制

项目 6　建筑装饰装修分部工程质量验收

任务 1　装饰装修分部工程验收的基本规定

【实训目的】

熟悉一般要求，熟悉装饰装修工程检测及见证试验规定，掌握装饰装修工程施工异常情况处理相关要求；掌握使用材料的质量检验项目、批量和检验方法；会进行质量验收划分。

【学习支持】

《建筑工程施工质量验收统一标准》GB 50300—2013、《建筑地面工程施工质量验收规范》GB 50209—2010 和《建筑装饰装修工程质量验收规范》GB 50210—2001。

【任务实施】

收集相关资料，摘抄一般要求的相应内容。

任务 2　装饰装修分部（子分部）工程所含
检验批（部分）质量验收表格填写

【实训目的】

会进行装饰装修分部（子分部）工程所含检验批划分；会收集检验批验收资料；会填写检验批验收表格，能查询相关的资料规范；掌握质量验收方法。

【学习支持】

《建筑工程施工质量验收统一标准》GB 50300—2013、《建筑地面工程施工质量验收规范》GB 50209—2010 和《建筑装饰装修工程质量验收规范》GB 50210—2001。

【任务实施】

一、装饰装修分部（子分部）工程所含分项工程及检验批名称

二、检验批验收资料收集（写出所收集的资料名称）

三、根据要求填写检验批（部分）质量验收表

1. 参照表 6-1～表 6-28 中已填写的表格，完成其他表格的填写。

2. 在资料实训室完成相应表格的应用软件电子档内容输入，并输出结果，存档后上交电子资料。

表 6-1

灰土垫层工程检验批质量验收记录表
GB 50209—2010

	资料号	××县××大酒店主楼
		-C4-03-01-01-001

单位名称	××县××大酒店主楼					验收部位		①～⑫/Ⓐ～Ⓚ轴线		
施工单位	×××建设工程有限公司					项目经理		×××	建设（监理）单位验收意见	
施工执行标准名称及编号	《建筑地面工程施工质量验收规范》GB 50209—2010									

			施工质量验收规范的规定		施工单位检查评定记录									
主控项目	1	灰土体积比	第4.3.6条	符合要求									符合要求
一般项目	1	熟化石灰颗粒粒径	≤5mm	4	⚠	0	2	5	4	5	3	5	3	符合要求
		黏土（或粉质黏土、粉土）内不得含有有机物质，颗粒粒径	≤16mm	7	3	8	3	10	10	4	0	12	3	符合要求
	2	允许偏差(mm)	表面平整度	10	3	⚠	7	6	9	6	2	10	7	9	符合要求
			标高	±10	⚠	−7	2	−4	−7	9	8	−9	7	−7	符合要求
			坡度	≤2/1000L，且≤30（L为房间尺寸）	4	27	3	1	9	28	2	17	8	9	符合要求
			厚度	≤1/10H，且≤20（H为垫层设计厚度）	19	19	16	8	17	19	10	14	11	13	符合要求

主控项目：符合设计要求；一般项目：满足规范规定；共抽查60点，其中合格57点，合格率95％

施工单位检查评定结果	检查评定符合要求。 施工班组长：××× 专业施工员：××× 质量员：××× 　　　　　××××年××月××日	监理（建设）单位验收评定结论	同意验收。 专业监理工程师：××× （建设单位项目专业技术负责人）：××× 　　　　　××××年××月××日

×××省住房和城乡建设厅印制

表 6-2

砂垫层和砂石垫层工程检验批质量验收记录表
GB 50209—2010

| | | | | | 资料号 | |

单位名称			验收部位		
施工单位			项目经理		建设（监理）单位验收意见
施工执行标准名称及编号					

		施工质量验收规范的规定		施工单位检查评定记录	
主控项目	1	砂和砂石不得含有草根等有机杂质；砂应采用中砂；石子最大粒径不得大于垫层厚度的 2/3	第 4.4.4 条		
	2	砂垫层和砂石垫层的干密度（或贯入度）	第 4.4.5 条		
一般项目	1	表面不应有砂窝、石堆等质量缺陷	第 4.4.6 条		
	2	允许偏差（mm）	表面平整度	15	
			标高	±20	
			坡度	≤2L/1000，且≤30（L 为房间尺寸）	
			厚度	≤H/10，且≤20（H 为垫层设计厚度）	

主控项目： ；一般项目： ；共抽查 点，其中合格 点，合格率 %

施工单位检查评定结果	施工班组长： 专业施工员： 质量员： 　　　　年　月　日	监理（建设）单位验收评定结论	专业监理工程师： （建设单位项目专业技术负责人）： 　　　　年　月　日

×××省住房和城乡建设厅印制

表 6-3

水泥混凝土面层工程检验批质量验收记录表
GB 50209—2010

	资料号	××县××大酒店主楼 -C4-03-01-01-001

单位名称	××县××大酒店主楼			验收部位	①～⑫/Ⓐ～Ⓚ轴线	建设 (监理) 单位验 收意见
施工单位	×××建设工程有限公司			项目经理	×××	
施工执行标准名称及编号	《建筑地面工程施工质量验收规范》GB 50209—2010					
	施工质量验收规范的规定			施工单位检查评定记录		

主控项目	1	水泥混凝土采用的粗骨料,其最大粒径不应大于面层厚度的2/3,细石混凝土面层采用的石子粒径不应大于16mm	第5.2.3条	符合要求		符合要求
	2	防水混凝土中掺入的外加剂的技术性能应符合国家现行有关标准的规定,其品种和掺量应经试验确定	第5.2.4条	经检查,外加剂的技术性能符合国家现行有关标准的规定,其品种和掺量已经试验确定,符合要求		符合要求
	3	面层的强度等级、抗渗等级	第5.2.5条	符合要求		符合要求
	4	面层与下一层应结合牢固,无空鼓、开裂	第5.2.6条	经检查,面层与下一层结合牢固,无空鼓、开裂,符合要求		符合要求
一般项目	1	面层表面不应有裂纹、脱皮、麻面、起砂等缺陷	第5.2.7条	经检查,面层表面无裂纹、脱皮、麻面、起砂等缺陷,符合要求		符合要求
	2	表层表面的坡度应符合设计要求,不应有倒泛水和积水现象	第5.2.8条	经检查,表层表面的坡度符合设计要求,无倒泛水和积水现象,符合要求		符合要求
	3	踢脚线与柱、墙面应紧密结合,踢脚线高度和出柱、墙厚度应符合设计要求且均匀一致。当出现空鼓时,局部空鼓长度不应大于300mm,且每自然间或标准间不应多于2处	第5.2.9条	符合要求		符合要求
	4	楼梯、台阶踏步的宽度、高度应符合设计要求,楼层梯段相邻踏步高度不应大于10mm;每踏步两端宽度差不应大于10mm,旋转楼梯梯段的每踏步两端宽度的允许偏差不应大于5mm。踏步面层做防滑处理,齿角应整齐,防滑条应顺直、牢固	第5.2.10条	符合要求		符合要求

5	允许 偏差 (mm)	表面平整度	5	1	[7]	4	2	0	3	4	3	5	2
		踢脚线上口平直	4	4	3	2	[5]	3	1	4	0	2	4
		缝格顺直	3	1	2	2	1	0	2	1	1	2	2

主控项目:符合设计要求;一般项目:满足规范规定;共抽查30点,其中合格28点,合格率93.3％

施工 单位 检查 评定 结果	检查评定符合要求。 施工班组长:××× 专业施工员:××× 质量员:××× 　　　　　　　　××××年××月××日	监理 (建设) 单位 验收 评定 结论	同意验收。 专业监理工程师:××× (建设单位项目专业技术负责人):××× 　　　　　　　　××××年××月××日

表 6-4

水泥砂浆面层工程检验批质量验收记录表
GB 50209—2010

资料号	

单位名称			验收部位		
施工单位			项目经理		建设（监理）单位验收意见
施工执行标准名称及编号					
施工质量验收规范的规定			施工单位检查评定记录		
主控项目	1	水泥宜采用硅酸盐水泥、普通硅酸盐水泥，不同品种、不同强度等级的水泥严禁混用；砂应为中粗砂，当采用石屑时，其粒径应为1～5mm，且含泥量不应大于3%；防水水泥砂浆采用的砂或石屑，其含泥量不应大于1%	第5.3.2条		
	2	防水水泥砂浆中掺入的外加剂的技术性能应符合国家或行业产品标准，其掺量应经试验确定	第5.3.3条		
	3	水泥砂浆的体积比（强度等级）应符合设计要求，且体积比为1∶2，强度等级不应小于M15	第5.3.4条		
	4	有排水要求的水泥砂浆地面，其坡向应正确，排水通畅；防水水泥砂浆面层严禁渗漏	第5.3.5条		
	5	面层与下一层应结合牢固，且应无空鼓和开裂	第5.3.6条		
一般项目	1	面层表面的坡度应符合设计要求，不应有倒泛水和积水现象	第5.3.7条		
	2	面层表面应洁净，不应有裂纹、脱皮、麻面、起砂等现象	第5.3.8条		
	3	踢脚线与柱、墙面应紧密结合，踢脚线高度和出柱、墙厚度应符合设计要求且均匀一致。当出现空鼓时，局部空鼓长度不应大于300mm，且每自然间或标准间不应多于2处	第5.3.9条		
	4	楼梯、台阶踏步的宽度、高度应符合设计要求，楼层梯段相邻踏步高度不应大于10mm；每踏步两端宽度差不应大于10mm，旋转楼梯梯段的每踏步两端宽度的允许偏差不应大于5mm。踏步面层应做防滑处理，齿角应整齐，防滑条应顺直、牢固	第5.3.10条		
	5	允许偏差（mm）	表面平整度	4		
			踢脚线上口平直	4		
			缝格顺直	3		

主控项目：　　　　；一般项目：　　　　；共抽查　　　　点，其中合格　　　　点，合格率　　　　%

施工单位检查评定结果	施工班组长： 专业施工员： 质量员： 　　　　年　月　日	监理（建设）单位验收评定结论	专业监理工程师： （建设单位项目专业技术负责人）： 　　　　年　月　日

表 6-5

大理石面层和花岗岩面层工程检验批
质量验收记录表
GB 50209—2010

资料号	××县××大酒店主楼 -C4-03-07-01-001

单位名称	××县××大酒店主楼		验收部位	①～⑫/Ⓐ～Ⓚ轴线	
施工单位	×××建设工程有限公司		项目经理	×××	建设(监理)单位验收意见
施工执行标准名称及编号		《建筑地面工程施工质量验收规范》GB 50209—2010			
	施工质量验收规范的规定		施工单位检查评定记录		
主控项目	1	大理石、花岗石面层所用板块产品应符合设计要求和国家现行有关标准的规定	第6.3.4条	符合要求	符合要求
	2	大理石、花岗石面层所用板块产品进入施工现场时,应有放射性限量合格的检测报告	第6.3.5条	经检查,大理石、花岗石产品进入施工现场时,有放射性限量合格的检测报告,符合要求	符合要求
	3	面层与下一层应结合牢固,无空鼓(单块板块边角允许有局部空鼓,但每自然间或标准间的空鼓板块不应超过总数的5%)	第6.3.6条	经检查,面层与下一层结合牢固,无空鼓,符合要求	符合要求
一般项目	1	大理石、花岗石面层铺设前,板块的背面和侧面应进行防碱处理	第6.3.7条	经检查,大理石、花岗石面层铺设前,板块的背面和侧面已进行防碱处理,符合要求	符合要求
	2	大理石、花岗石面层的表面应洁净、平整、无磨痕,且应图案清晰、色泽一致、接缝均匀、周边顺直、镶嵌正确。板块无裂纹、掉角、缺棱等缺陷	第6.3.8条	符合要求	符合要求
	3	踢脚线表面应洁净,与柱、墙面的结合应牢固。踢脚线高度及出柱、墙厚度应符合设计要求,且均匀一致	第6.3.9条	经检查,踢脚线表面洁净,与柱、墙面的结合牢固。踢脚线高度及出柱、墙厚度符合设计要求,且均匀一致,符合要求	符合要求
	4	楼梯、台阶踏步的宽度、高度应符合设计要求,踏步板块的缝隙宽度应一致;楼层梯段相邻踏步高度差不应大于10mm;每踏步两端宽度差不应大于10mm,旋转楼梯梯段的每踏步两端宽度的允许偏差不应大于5mm。踏步面层应做防滑处理,齿角应整齐,防滑条应顺直、牢固	第6.3.10条	符合要求	符合要求
	5	面层表面的坡度应符合设计要求,不倒泛水、无积水;与地漏、管道结合处应严密牢固,无渗漏	第6.3.11条	经检查,面层表面的坡度符合设计要求,不倒泛水、无积水;与地漏、管道结合处严密牢固,无渗漏,符合要求	符合要求

6	允许偏差(mm)													符合要求
		表面平整度	1.0	0	1	1	0	1	0	0	0	0	1	1	符合要求
		缝格平直	2.0	1	0	0	△3	1	1	2	1	2	1		符合要求
		接缝高低差	0.5	0.2	0	0.1	0.3	0.3	0.4	0.4	0.3	0.3	0.3		符合要求
		踢脚线上口平直	1.0	0	0	1	0	1	1	0	0	1			符合要求
		板块间隙宽度	1.0	1	0	1	0	0	1	1	1	0	2		符合要求
	碎拼大理石和花岗岩	表面平整度	3.0	2	3	△4	2	2	3	0	0	2			符合要求
		踢脚线上口平直		1	1	0	0	1	0	1	1	0			符合要求

主控项目:符合设计要求 ;一般项目:满足规范规定;共抽查70点,其中合格68点,合格率97.1%

施工单位检查评定结果	检查评定符合要求。 施工班组长:××× 专业施工员:××× 质量员:××× ××××年××月××日	监理(建设)单位验收评定结论	同意验收。 专业监理工程师:××× (建设单位项目专业技术负责人):××× ××××年××月××日

表 6-6

砖面层工程检验批质量验收记录表
GB 50209—2010

	资料号	

单位名称		验收部位		建设（监理）单位验收意见
施工单位		项目经理		
施工执行标准名称及编号				

		施工质量验收规范的规定		施工单位检查评定记录		建设（监理）单位验收意见
主控项目	1	砖面层所用板块产品应符合设计要求和国家现行有关标准的规定	第6.2.5条			
	2	砖面层所用板块产品进入施工现场时，应有放射性限量合格的检测报告	第6.2.6条			
	3	面层与下一层的结合（粘结）应牢固，无空鼓（单块砖边角允许有局部空鼓，但每自然间或标准间的空鼓砖不应超过总数的5%）	第6.2.7条			
一般项目	1	砖面层的表面应洁净、图案清晰、色泽一致，接缝平整，深浅一致，周边顺直。板块无裂纹、掉角和缺楞等缺陷	第6.2.8条			
	2	面层邻接处的镶边用料及尺寸应符合设计要求，边角整齐、光滑	第6.2.9条			
	3	踢脚线表面应洁净，与柱、墙面的结合应牢固。踢脚线高度及出柱、墙厚度应符合设计要求，且均匀一致	第6.2.10条			
	4	楼梯、台阶踏步的宽度、高度应符合设计要求，踏步板块的缝隙宽度应一致；楼层梯段相邻踏步高度差不应大于10mm；每踏步两端宽度差不应大于10mm，旋转楼梯梯段的每踏步两端宽度的允许偏差不应大于5mm。踏步面层应做防滑处理，齿角应整齐，防滑条应顺直、牢固	第6.2.11条			
	5	面层表面的坡度应符合设计要求，不倒泛水、无积水；与地漏、管道结合处应严密牢固，无渗漏	第6.2.12条			

		项目	□陶瓷锦砖	□陶瓷地砖	□缸砖	□水泥花砖	实 测 值
	6	表面平整度	2.0	2.0	4.0	3.0	
	允许偏差(mm)	缝格平直	3.0	3.0	3.0	3.0	
		接缝高低差	0.5	0.5	1.5	0.5	
		踢脚线上口平直	3.0	3.0	4.0	—	
		板块间隙宽度	2.0	2.0	2.0	2.0	

主控项目：　　　；一般项目：　　　；共抽查　　　点，其中合格　　　点，合格率　　　％

施工单位检查评定结果	施工班组长： 专业施工员： 质量员： 　　　年　月　日	监理（建设）单位验收评定结论	专业监理工程师： （建设单位项目专业技术负责人）： 　　　年　月　日

×××省住房和城乡建设厅印制

表 6-7

一般抹灰工程检验批质量验收记录表
GB 50210—2001

资料号	××县×大酒店主楼 -C4-03-02-01-001

单位名称	××县××大酒店主楼	验收部位	①～⑫/Ⓐ～Ⓚ轴线	建设 （监理） 单位验 收意见
施工单位	×××建设工程有限公司	项目经理	×××	
施工执行标准名称及编号	《建筑装饰装修工程质量验收规范》GB 50210—2001			

		施工质量验收规范的规定		施工单位检查评定记录	建设 （监理） 单位验 收意见
主控项目	1	抹灰前基层表面的尘土、污垢、油渍等应清除干净，并应洒水润湿		抹灰前基层表面已清理干净，无尘土、污垢、油渍等，已适当洒水润湿，符合要求	符合要求
	2	一般抹灰所用材料的品种和性能应符合设计要求	设计要求	材料品种、性能符合设计要求，水泥指标合格，符合设计要求	符合要求
			水泥的凝结时间和体积安定性；砂浆配合比		
	3	抹灰工程应分层进行		抹灰分层施工，加强措施符合要求	符合要求
	4	抹灰层与基层之间及各抹灰层之间必须粘结牢固，抹灰层应无脱层、空鼓，面层应无爆灰和裂缝		抹灰粘接牢固，无脱层、空鼓面层无爆灰和裂纹	符合要求
一般项目	1	一般抹灰工程的表面质量应符合 GB 50210 第4.2.11条规定		本工程为普通抹灰，表面光滑、洁净，接槎平整，分格缝清晰，符合规范要求	符合要求
	2	护角、孔洞、槽、盒周围的抹灰表面应整齐、光滑；管道后面的抹灰表面应平整		经检查，护角、孔洞、槽、盒周围的抹灰表面整齐、光滑；管道后面的抹灰表面平整	符合要求
	3	抹灰层的总厚度应符合设计要求；水泥砂浆不得抹在石灰砂浆层上，罩面石膏灰不得抹在水泥砂浆层上		抹灰层的总厚度为20mm，符合要求，其做法符合设计要求	符合要求
	4	抹灰分格缝的设置应符合设计要求		分格缝宽度和深度均匀一致，表面光滑，棱角整齐，符合要求	符合要求
	5	有排水要求的部位应做滴水线（槽）		符合质量验收规范要求	符合要求

		项目	普通抹灰	高级抹灰	实 测 值											
6	允许 偏差 （mm）	表面平整度	☑4	☐3	3	4	3	⑤	1	2	1	2	2	1	符合要求
		缝格平直	☑4	☐3	0	1	⑤	0	4	3	4	3	1	0	符合要求
		接缝高低差	☑4	☐3	⑤	0	3	3	0	1	3	1	0		符合要求
		踢脚线上口平直	☑4	☐3	2	1	1	1	3	⑤	1	4	1	0	符合要求
		板块间隙宽度	☑4	☐3	1	3	4	2	0	4	3	2	4	2	符合要求

主控项目：符合设计要求 ；一般项目：满足规范规定；共抽查50点，其中合格46点，合格率92％

施工 单位 检查 评定 结果	检查评定符合要求。 施工班组长：××× 专业施工员：××× 质量员：××× 　　　　　　　××××年××月××日	监理 （建设） 单位 验收 评定 结论	同意验收。 专业监理工程师：××× （建设单位项目专业技术负责人）：××× 　　　　　　　××××年××月××日

×××省住房和城乡建设厅印制

表 6-8

装饰抹灰工程检验批质量验收记录表
GB 50210—2001

资料号	

单位名称		验收部位		建设（监理）单位验收意见
施工单位		项目经理		
施工执行标准名称及编号				

施工质量验收规范的规定			施工单位检查评定记录	建设（监理）单位验收意见

		施工质量验收规范的规定		施工单位检查评定记录
主控项目	1	抹灰前基层表面的尘土、污垢、油渍等应清除干净，并应洒水润湿		
	2	装饰抹灰工程所用材料的品种和性能应符合设计要求	设计要求	
			水泥的凝结时间和体积安定性；砂浆配合比	
	3	抹灰工程应分层进行，当厚度大于等于35mm时采取加强措施		
	4	各抹灰层之间及抹灰层与基体之间必须粘接牢固，抹灰层应无脱层、空鼓和裂缝		
一般项目	1	装饰抹灰工程的表面质量应符合的规定	水刷石表面应石粒清晰、分布均匀、紧密平整、色泽一致，应无掉粒和接槎痕迹	
			斩假石表面剁纹应均匀顺直、深浅一致，应无漏剁处；阳角处应横剁并留出宽窄一致的不剁边条，棱角应无损坏	
			干粘石表面应色泽一致、不露浆、不漏粘，石粒应粘结牢固、分布均匀，阳角处应无明显黑边	
			假面砖表面应平整、沟纹清晰、留缝整齐、色泽一致，应无掉角、脱皮、起砂等缺陷	
	2	装饰抹灰分格条（缝）的设置应符合设计要求，宽度和深度应均匀，表面应平整光滑，棱角应整齐		
	3	有排水要求的部位应做滴水线（槽）。滴水线（槽）应整齐顺直，滴水线应内高外低，滴水槽的宽度和深度均不应小于10mm		

		项 目	水刷石	斩假石	干粘石	假面砖	实 测 值						
4	允许偏差（mm）	表面平整度	□5	□4	□5	□5							
		缝格平直	□3	□3	□5	□4							
		接缝高低差	□3	□3	□4	□4							
		踢脚线上口平直	□3	□3	□3	□3							
		板块间隙宽度	□3	□3	—	—							

主控项目：　　　；一般项目：　　　；共抽查　　　点，其中合格　　　点，合格率　　　%

施工单位检查评定结果	施工班组长： 专业施工员： 质量员： 　　　　　　年 月 日	监理（建设）单位验收评定结论	专业监理工程师： （建设单位项目专业技术负责人）： 　　　　　　年 月 日

表 6-9

清水砌体勾缝工程检验批质量验收记录表
GB 50210—2001

	资料号	

单位名称		验收部位		
施工单位		项目经理		建设（监理）单位验收意见
施工执行标准名称及编号				

		施工质量验收规范的规定	施工单位检查评定记录	
主控项目	1	清水砌体勾缝所用水泥的凝结时间和安定性复验应合格。砂浆的配合比应符合设计要求		
	2	清水砌体勾缝应无漏勾。勾缝材料应粘结牢固、无开裂		
一般项目	1	清水砌体勾缝应横平竖直，交接处应平顺，宽度和深度应均匀，表面应压实抹平		
	2	灰缝应颜色一致，砌体表面应洁净		

主控项目：	；一般项目：

施工单位检查评定结果	施工班组长： 专业施工员： 质量员： 年 月 日	监理（建设）单位验收评定结论	专业监理工程师： （建设单位项目专业技术负责人）： 年 月 日

表 6-10

木门窗制作工程检验批质量验收记录表
GB 50210—2001
（Ⅰ）

资料号	-C4-03-04 01 001

单位名称	××县××大酒店主楼		验收部位	①～⑫/Ⓐ～Ⓚ轴线	
施工单位	×××建设工程有限公司		项目经理	×××	建设（监理）单位验收意见
施工执行标准名称及编号		《建筑装饰装修工程质量验收规范》GB 50210—2001			

		施工质量验收规范的规定		施工单位检查评定记录	建设（监理）单位验收意见
主控项目	1	木门窗的木材品种、材质等级、规格、尺寸、框扇的线型及人造木板的甲醛含量应符合设计要求。设计未规定材质等级时，所用木材的质量应符合规范 GB 50209 附录 A 的规定		经检查，各项指标均符合设计要求，有试验报告	符合要求
	2	木门窗应采用烘干的木材，含水率应符合《建筑木门、木窗》JG/T 122 的规定		经检查，所用木材是烘干木材，其含水率符合有关规定	符合要求
	3	木门窗的防火、防腐、防虫处理应符合设计要求		经检查，符合设计要求	符合要求
	4	木门窗的结合处和安装配件处不得有木节或已填补的木节。木门窗如有允许限值以内的死节及直径较大的虫眼时，应用同一材质的木塞加胶填补。对于清漆制品，木塞的木纹和色泽应与制品一致		经检查，结合处和安装配件处无木节或已填补的木节	符合要求
	5	门窗框和厚度大于 50mm 的门窗扇应用双榫连接。榫槽应采用胶料严密嵌合，并应用胶楔加紧		经检查，均采用双榫连接，且采用胶料严密嵌合胶楔加紧	符合要求
	6	胶合板门、纤维板门和模压门不得脱胶。胶合板不得刨透表层单板，不得有戗槎。制作胶合板门、纤维板门时，边框和横楞应在同一平面上，面层、边框及横楞应加压胶结。横楞和上、下冒头应各钻两个以上的透气孔，透气孔应通畅		经检查，符合验收规范要求	符合要求
一般项目	1	木门窗表面应洁净，不得有刨痕、锤印		经检查，表面洁净，无刨痕、锤印等缺陷	符合要求
	2	木门窗的割角、拼缝应严密平整。门窗框、扇裁口应顺直，刨面应平整		经检查，割角、拼缝严密平整，裁口顺直，刨面平整	符合要求
	3	木门窗上的槽、孔应边缘整齐，无毛刺		经检查，槽、孔边缘整齐，无毛刺	符合要求

		项目	构件名称	普通	高级	实测值										符合要求
一般项目	4	允许偏差(mm)														
		翘曲	框	☑3	□2	1	1	2	0	0	2	2	3	2	2	符合要求
			扇	☑2	□2	2	2	0	1	0	2	0	1	2		
		对角线长度差	框、扇	☑3	□2	1	3	2	0	2	1	1	3	0	2	符合要求
		表面平整度	扇	☑2	□2	0	1	0	0	1	1	0	1	1	1	符合要求
		高度、宽度	框	☑0，−2	□0，−1	△3	−1	−1	−1	−1	−2	−1	−1	−1	−1	符合要求
			扇	☑+2，0	□+1，0	0	1	1	△3	1	0	0	2	1	2	符合要求
		裁口、线条结合处高低差	框、扇	☑1	□0.5	0	0	1	1	0	1	1	1	0	0	符合要求
		相邻棂子两端间距	扇	☑2	□1	2	0	2	2	2	2	1	2	1	0	符合要求

主控项目：符合设计要求 ；一般项目：满足规范规定 ；共抽查 80 点，其中合格 78 点，合格率 97.5%

施工单位检查评定结果	检查评定符合要求。 施工班组长：××× 专业施工员：××× 质量员：××× 　　　　×××××年××月××日	监理（建设）单位验收评定结论	同意验收。 专业监理工程师：××× （建设单位项目专业技术负责人）：××× 　　　　××××年××月××日

×××省住房和城乡建设厅印制

表 6-11

木门窗安装工程检验批质量验收记录表
GB 50210—2001
（Ⅱ）

资料号	

单位名称			验收部位		建设 （监理） 单位 验收 意见
施工单位			项目经理		
施工执行标准名称及编号					

		施工质量验收规范的规定	施工单位检查评定记录	

主控项目	1	木门窗的品种、类型、规格、开启方向、安装位置及连接方式符合设计要求	
	2	木门窗框的安装必须牢固。预埋木砖的防腐处理、木门窗框固定点的数量、位置及固定方法应符合设计要求	
	3	木门窗扇必须安装牢固，并应开关灵活，关闭严密，无倒翘	
	4	木门窗配件的型号、规格、数量应符合设计要求，安装应牢固，位置应正确，功能应满足使用要求	

一般项目

	1	木门窗与墙体间缝隙的填嵌材料应符合设计要求，填嵌应饱满。寒冷地区外门窗（或门窗框）与砌体间的空隙应填充保温材料
	2	木门窗批水条、盖口条、压缝条、密封条的安装应顺直，与门窗结合应牢固、严密

项目		留缝限值（mm）		允许偏差（mm）		实测值
		普通	高级	普通	高级	
门窗槽口对角线长度差		—	—	□3	□2	
门窗框的正、侧面垂直度		—	—	□2	□1	
框与扇、扇与扇接缝高低差		—	—	□2	□1	
门窗扇对口缝		□1～2.5	□1.5～2	—	—	
工业厂房双扇大门对口缝		□2～5	—	—	—	
门窗扇与上框间留缝		□1～2	□1～1.5	—	—	
门窗扇与侧框间留缝		□1～2.5	□1～1.5	—	—	
窗扇与下框间留缝		□2～3	□2～2.5	—	—	
门扇与下框间留缝		□3～5	□3～4	—	—	
双层门窗内外框间距		—	—	□4	□3	
无下框时门扇与地面间留缝	外门	□4～7	□5～6	—	—	
	内门	□5～8	□6～7	—	—	
	卫生间门	□8～12	□8～10	—	—	
	厂房大门	□10～20	—	—	—	

主控项目： ；一般项目： ；共抽查 点，其中合格 点，合格率 ％

施工 单位 检查 评定 结果	施工班组长： 专业施工员： 质量员： 年 月 日	监理 （建设） 单位 验收 评定 结论	专业监理工程师： （建设单位项目专业技术负责人）： 年 月 日

×××省住房和城乡建设厅印制

表 6-12

金属门窗（钢门窗）安装工程检验批质量验收记录表
GB 50210—2001
（Ⅱ）

资料号

单位名称				验收部位		
施工单位				项目经理		建设（监理）单位验收意见
施工执行标准名称及编号						

		施工质量验收规范的规定		施工单位检查评定记录		
主控项目	1	金属门窗的品种、类型、规格、尺寸、性能、开启方向、安装位置、连接方式应符合设计要求。金属门窗的防腐处理及填嵌、密封处理应符合设计要求				
	2	金属门窗框和副框的安装必须牢固。预埋件的数量、位置、埋设方式、与框的连接方式必须符合设计要求				
	3	金属门窗扇必须安装牢固，并应开关灵活、关闭严密，无倒翘。推拉门窗扇必须有防脱落措施				
	4	金属门窗配件的型号、规格、数量应符合设计要求，安装应牢固，位置应正确，功能应满足使用要求				
一般项目	1	金属门窗表面应洁净、平整、光滑、色泽一致，无锈蚀。大面应无划痕、碰伤。漆膜或保护层应连续				
	2	金属门窗框与墙体之间的缝隙应填嵌饱满，并采用密封胶密封。密封胶表面应光滑、顺直，无裂纹				
	3	有排水孔的金属门窗，排水孔应畅通，位置和数量应符合设计要求				
	4	金属门窗扇的橡胶密封条应安装完好，不得脱槽				

		项　目		留缝限值（mm）	允许偏差（mm）	实测值
一般项目	5	门窗槽口宽度高度	≤1500mm	—	2.5	
			>1500mm	—	3.5	
		门槽口对角线长度差	≤2000mm	—	5	
			>2000mm	—	6	
		门窗框的正、侧面垂直度		—	3	
		门窗横框的水平度		—	3	
		门窗横框标高		—	5	
		门窗竖向偏离中心		—	4	
		双层门窗内外框间距		—	5	
		门窗框、扇配合间隙		≤2	—	
		无下框时门扇与地面间留缝		4～8	—	

主控项目：　　　　；一般项目：　　　　；共抽查　　　点，其中合格　　　点，合格率　　　　％

施工单位检查评定结果	施工班组长： 专业施工员： 质量员： 　　　　　年　月　日	监理（建设）单位验收评定结论	专业监理工程师： （建设单位项目专业技术负责人）： 　　　　　年　月　日

×××省住房和城乡建设厅印制

表 6-13

实木地板、实木集成地板、竹地板面层工程
检验批质量验收记录表
GB 50209—2010

资料号	××县××大酒店主楼 C4-03-07-03-001

单位名称	××县××大酒店主楼		验收部位	①～⑫/Ⓐ～Ⓚ轴线	建设（监理）单位验收意见
施工单位	×××建设工程有限公司		项目经理	×××	
施工执行标准名称及编号		《建筑地面工程施工质量验收规范》GB 50209—2010			

		施工质量验收规范的规定		施工单位检查评定记录	建设（监理）单位验收意见
主控项目	1	实木地板、实木集成地板、竹地板面层采用的地板、铺设时的木（竹）材含水率、胶粘剂等应符合设计要求和国家现行有关标准的规定	第7.2.8条	符合要求	符合要求
	2	实木地板、实木集成地板、竹地板面层采用的材料进入施工现场时，应有有害物质限量合格的检测报告	第7.2.9条	经检查，实木地板、实木集成地板、竹地板面层采用的材料进入施工现场时，有有害物质限量合格的检测报告	符合要求
	3	木搁栅、垫木和垫层地板等应做防腐、防蛀处理	第7.2.10条	经检查，木搁栅、垫木和垫层地板等已做防腐、防蛀处理	符合要求
	4	木搁栅安装应牢固、平直	第7.2.11条	经检查，木搁栅安装牢固、平直	符合要求
	5	面层铺设应牢固；粘结应无空鼓、松动	第7.2.12条	经检查，面层铺设牢固；粘结无空鼓、松动	符合要求
一般项目	1	实木地板、实木集成地板面层应刨平、磨光，无明显刨痕和毛刺等现象；图案清晰、颜色均匀一致	第7.2.13条	符合要求	符合要求
	2	竹地板面层品种与规格应符合设计要求，板面无翘曲	第7.2.14条	经检查，竹地板面层品种与规格符合设计要求，板面无翘曲	符合要求
	3	面层缝隙应严密；接头位置应错开，表面应平整、洁净	第7.2.15条	经检查，面层缝隙严密；接头位置已错开，表面平整、洁净	符合要求
	4	面层采用粘、钉工艺时，接缝应对齐，粘、钉应严密；缝隙宽度应均匀一致；表面应洁净，无溢胶现象	第7.2.16条	符合要求	符合要求
	5	踢脚线表面应光滑，接缝严密，高度一致	第7.2.17条	符合要求	符合要求

	项目	□松木地板	☑硬木地板竹地板	□拼花地板	实测值	
6 允许偏差（mm）	板面缝隙宽度	1.0	0.5	0.2	0.1 0.2 0.2 0.1 △ 0.4 0.1 0.2 0.1 0.1	符合要求
	表面平整度	3.0	2.0	2.0	1 1 1 1 0 1 1 0 1 0	符合要求
	踢脚线上口平齐	3.0	3.0	3.0	1 0 0 1 0 2 2 0 2 0	符合要求
	板面拼缝平直	3.0	3.0	3.0	2 1 1 2 1 1 0 1 3 1	符合要求
	相邻板材高差	0.5	0.5	0.5	0.4 0.1 0.2 0.1 0 0.1 0.1 0.2 0 0	符合要求
	踢脚线与面层的接缝	1.0	1.0	1.0	0 1 1 1 0 0 0 0 0 1	符合要求

主控项目：符合设计要求 ；一般项目：满足规范规定 ；共抽查 60 点，其中合格 59 点，合格率 98.3%

施工单位检查评定结果	符合要求。 施工班组长：××× 专业施工员：××× 质量员：××× 　　　　　　　　××××年××月××日	监理（建设）单位验收评定结论	同意验收。 专业监理工程师：××× （建设单位项目专业技术负责人）：××× 　　　　　　　　××××年××月××日

××省住房和城乡建设厅印制

表 6-14

实木复合地板面层工程检验批质量验收记录表
GB 50209—2010

	资料号	

单位名称		验收部位		建设（监理）单位验收意见
施工单位		项目经理		
施工执行标准名称及编号				

		施工质量验收规范的规定		施工单位检查评定记录								建设（监理）单位验收意见
主控项目	1	实木复合地板面层采用的材质、胶粘剂等应符合设计要求和国家、行业现行产品标准的规定	第7.3.6条									
	2	实木复合地板面层采用的材料进入施工现场时，应有有害物质限量合格的检测报告	第7.3.7条									
	3	木搁栅、垫木和毛地板等必须做防腐、防蛀处理	第7.3.8条									
	4	木搁栅安装应牢固、平直	第7.3.9条									
	5	面层铺设应牢固；粘贴无空鼓、松动	第7.3.10条									
一般项目	1	实木复合地板面层图案和颜色应符合设计要求，图案清晰，颜色一致，板面无翘曲	第7.3.11条									
	2	面层缝隙应严密；接头位置应错开，表面应平整、洁净	第7.3.12条									
	3	面层采用粘、钉工艺时，接缝应对齐，粘、钉应严密；缝隙宽度应均匀一致；表面应洁净，无溢胶现象	第7.3.13条									
	4	踢脚线应表面光滑，接缝严密，高度一致	第7.3.14条									
	5	允许偏差（mm）	板面缝隙宽度	0.5								
			表面平整度	2.0								
			踢脚线上口平齐	3.0								
			板面拼缝平直	3.0								
			相邻板材高差	0.5								
			踢脚线与面层的接缝	1.0								

主控项目：   ；一般项目：   ；共抽查   点，其中合格   点，合格率   ％

施工单位检查评定结果	施工班组长： 专业施工员： 质量员： 　　　　　　　　　年 月 日	监理（建设）单位验收评定结论	专业监理工程师： （建设单位项目专业技术负责人）： 　　　　　　　　　年 月 日

×××省住房和城乡建设厅印制

表 6-15

明龙骨吊顶工程检验批质量验收记录表
GB 50210—2001

| | | 资料号 | ××县××大酒店主楼
-C4-03-05-01-001 |

单位名称	××县××大酒店主楼	验收部位	①～⑫/Ⓐ～Ⓚ轴线	建设（监理）单位验收意见
施工单位	×××建设工程有限公司	项目经理	×××	
施工执行标准名称及编号	《建筑装饰装修工程质量验收规范》GB 50210—2001			

		施工质量验收规范的规定	施工单位检查评定记录	建设（监理）单位验收意见
主控项目	1	吊顶标高、尺寸、起拱和造型应符合设计要求	符合设计要求	符合要求
	2	饰面材料的材质、品种、规格、图案和颜色应符合设计要求。当饰面材料为玻璃板时，应使用安全玻璃或采取可靠的安全措施	符合设计要求	符合要求
	3	饰面材料的安装应稳固严密。饰面材料与龙骨的搭接宽度应大于龙骨受力面宽度的2/3	经检查，饰面材料的安装稳固严密，与龙骨的搭接宽度符合要求	符合要求
	4	吊杆、龙骨的材质、规格、安装间距及连接方式应符合设计要求。金属吊杆、龙骨应进行表面防腐处理；木龙骨应进行防腐、防火处理	经检查，符合设计和质量验收规范要求	符合要求
	5	明龙骨吊顶工程的吊杆和龙骨安装必须牢固	经检查，吊杆和龙骨安装牢固	符合要求
一般项目	1	饰面材料表面应洁净、色泽一致，不得有翘曲、裂缝及缺损。饰面板与明龙骨的搭接应平整、吻合，压条应平直、宽窄一致	经检查表面洁净、色泽一致，无翘曲、裂缝及缺损，与龙骨搭接平整、吻合	符合要求
	2	饰面板上的灯具、烟感器、喷淋头、风口蓖子等设备的位置应合理、美观，与饰面板的交接应吻合、严密	经检查，饰面板上的各种设备的位置合理，与饰面板交接吻合、严密	符合要求
	3	金属龙骨的接缝应平整、吻合、颜色一致，不得有划伤、擦伤等表面缺陷。木质龙骨应平整、顺直，无劈裂	经检查，龙骨质量良好，符合要求	符合要求
	4	吊顶内填充吸声材料的品种和铺设厚度应符合设计要求，并应有防散落措施	经检查，符合设计和质量验收规范要求	符合要求

		项目	石膏板	金属板	矿棉板	塑料板、玻璃板	实测值										建设（监理）单位验收意见
一般项目	5	允许偏差(mm)	表面平整度	☑3	☐2	☐3	☐2	1	2	2	2	1	2	△	1	1	0	符合要求
			接缝直线度	☑3	☐2	☐3	☐3	2	2	2	2	3	2	3	△4	1	2	符合要求
			接缝高低差	☑1	☐1	☐2	☐1	1	1	0	1	0	1	1	0	0	0	符合要求

主控项目：符合设计要求 ；一般项目：满足规范规定 ；共抽查 30 点，其中合格 28 点，合格率 93.3%

| 施工单位检查评定结果 | 检查评定符合要求。

施工班组长：×××
专业施工员：×××
质量员：×××
　　　　　　××××年××月××日 | 监理（建设）单位验收评定结论 | 同意验收。

专业监理工程师：×××
（建设单位项目专业技术负责人）：×××
　　　　　　××××年××月××日 |

×××省住房和城乡建设厅印制

表 6-16

暗龙骨吊顶工程检验批质量验收记录表
GB 50210—2001

			资料号	

单位名称			验收部位		建设
施工单位			项目经理		（监理）单位验收意见
施工执行标准名称及编号					

		施工质量验收规范的规定	施工单位检查评定记录	
主控项目	1	吊顶标高、尺寸、起拱和造型应符合设计要求		
	2	饰面材料的材质、品种、规格、图案和颜色应符合设计要求		
	3	暗龙骨吊顶工程的吊杆、龙骨和饰面材料的安装必须牢固		
	4	吊杆、龙骨的材质、规格、安装间距及连接方式应符合设计要求。金属吊杆、龙骨应经过表面防腐处理；木吊杆、龙骨应进行防腐、防火处理		
	5	石膏板的接缝应按其施工工艺标准进行板缝防裂处理。安装双层石膏板时，面层板与基层板的接缝应错开，并不得在同一根龙骨上接缝		
一般项目	1	饰面材料表面应洁净、色泽一致，不得有翘曲、裂缝及缺损。压条应平直、宽窄一致		
	2	饰面板上的灯具、烟感器、喷淋头、风口箅子等设备的位置应合理、美观，与饰面板的交接应吻合、严密		
	3	金属吊杆、龙骨的接缝应均匀一致，角缝应吻合，表面应平整，无翘曲、锤印。木质吊杆、龙骨应顺直，无劈裂、变形		
	4	吊顶内填充吸声材料的品种和铺设厚度应符合设计要求，并应有防散落措施		

	5 允许偏差（mm）	项目	纸面石膏板	金属板	矿棉板	木板塑料板隔栅	实测值						
		表面平整度	□3	□2	□3	□2							
		接缝直线度	□3	□1.5	□3	□3							
		接缝高低差	□1	□1	□1.5	□1							

主控项目： ；一般项目： ；共抽查 点，其中合格 点，合格率 ％

施工单位检查评定结果	施工班组长： 专业施工员： 质量员： 年 月 日	监理（建设）单位验收评定结论	专业监理工程师： （建设单位项目专业技术负责人）： 年 月 日

×××省住房和城乡建设厅印制

表 6-17

板材隔墙工程检验批质量验收记录表
GB 50210－2001

资料号	××县×××大酒店主楼 -C4-03-06-01-001

单位名称	××县×××大酒店主楼	验收部位	①～⑫/Ⓐ～Ⓚ轴线	建设（监理）单位验收意见
施工单位	×××建设工程有限公司	项目经理	×××	
施工执行标准名称及编号		《建筑装饰装修工程质量验收规范》GB 50210—2001		

		施工质量验收规范的规定	施工单位检查评定记录	

主控项目

1	隔墙板材的品种、规格、性能、颜色应符合设计要求。有隔声、隔热、阻燃、防潮等特殊要求的工程，板材应有相应性能等级的检测报告	经检查，符合设计要求和质量验收规范要求
2	安装隔墙板材所需预埋件、连接件的位置、数量及连接方法应符合设计要求	经检查，预埋件、连接件的位置、数量及连接方法符合设计要求
3	隔墙板材安装必须牢固。现制钢丝网水泥隔墙与周边墙体的连接方法应符合设计要求，并应连接牢固	经检查，隔墙板材安装牢固
4	隔墙板材所用接缝材料的品种及接缝方法应符合设计要求	经检查，符合设计要求

一般项目

1	隔墙板材安装应垂直、平整、位置正确，板材不应有裂缝或缺损	经检查，安装位置正确，垂直、平整度符合要求，无裂缝和缺损，符合要求
2	板材隔墙表面应平整光滑、色泽一致、洁净，接缝应均匀、顺直	经检查，板材隔墙表面平整光滑、色泽一致、洁净，接缝均匀、顺直，符合要求
3	隔墙上的孔洞、槽、盒应位置正确、套割方正、边缘整齐	经检查，隔墙上的孔洞、槽、盒位置正确、套割方正、边缘整齐，符合要求

4 允许偏差(mm)	项目	复合轻质墙板		石膏空心板	钢丝网水泥板	实测值									
		金属夹芯板	其他复合板												
	立面垂直度	□2	□3	☑3	□3	0	1	3	2	2	0	1	3	2	
	表面平整度	□2	□3	☑3	□3	0	0	△④	1	2	2	2	1	1	1
	阴阳角方正	□3	□3	☑3	□4	3	0	2	2	2	2	2	2	0	1
	接缝高低差	□1	□2	☑2	□3	△③	1	2	1	1	1	1	1	0	1

主控项目：符合设计要求 ；一般项目：满足规范规定 ；共抽查 30 点，其中合格 28 点，合格率 93.3%

施工单位检查评定结果	检查评定符合要求。 施工班组长：××× 专业施工员：××× 质量员：××× 　　　　　　　××××年××月××日	监理（建设）单位验收评定结论	同意验收。 专业监理工程师：××× (建设单位项目专业技术负责人)：××× 　　　　　　　××××年××月××日

××省住房和城乡建设厅印制

表 6-18

骨架隔墙工程检验批质量验收记录表
GB 50210—2001

	资料号	

单位名称		验收部位		
施工单位		项目经理		建设（监理）单位验收意见
施工执行标准名称及编号				

		施工质量验收规范的规定	施工单位检查评定记录
主控项目	1	骨架隔墙所用龙骨、配件、墙面板、填充材料及嵌缝材料的品种、规格、性能和木材的含水率应符合设计要求。有隔声、隔热、阻燃、防潮等特殊要求的工程，材料应有相应性能等级的检测报告	
	2	骨架隔墙工程边框龙骨必须与基体结构连接牢固，并应平整、垂直、位置正确	
	3	骨架隔墙中龙骨间距和构造连接方法应符合设计要求。骨架内设备管线的安装、门窗洞口等部位加强龙骨应安装牢固、位置正确，填充材料的设置应符合设计要求	
	4	木龙骨及木墙面板的防火和防腐处理必须符合设计要求	
	5	骨架隔墙的墙面板应安装牢固，无脱层、翘曲、折裂及缺损	
	6	墙面板所用接缝材料的接缝方法应符合设计要求	
一般项目	1	骨架隔墙表面应平整光滑、色泽一致、洁净、无裂缝，接缝应均匀、顺直	
	2	骨架隔墙上的孔洞、槽、盒应位置正确、套割吻合、边缘整齐	
	3	骨架隔墙内的填充材料应干燥，填充应密实、均匀、无下坠	

		项目	纸面石膏板	人造木板、水泥纤维板	实测值						
一般项目	4										
		立面垂直度	□3	□4							
		表面平整度	□3	□3							
	允许偏差(mm)	阴阳角方正	□3	□3							
		接缝直线度	—	□3							
		压条直线度	—	□3							
		接缝高低差	□1	□1							

主控项目： ；一般项目： ；共抽查 点，其中合格 点，合格率 ％

施工单位检查评定结果	施工班组长： 专业施工员： 质量员： 年 月 日	监理（建设）单位验收评定结论	专业监理工程师： （建设单位项目专业技术负责人）： 年 月 日

×××省住房和城乡建设厅印制

表 6-19

饰面砖安装工程检验批质量验收记录表
GB 50210—2001

资料号	××县××大酒店主楼 C4-03-08-01-001

单位名称	××县××大酒店主楼	验收部位	①～⑫/Ⓐ～Ⓚ轴线	建设（监理）单位验收意见
施工单位	×××建设工程有限公司	项目经理	×××	
施工执行标准名称及编号	《建筑装饰装修工程质量验收规范》GB 50210—2001			

		施工质量验收规范的规定	施工单位检查评定记录	
主控项目	1	饰面板的品种、规格、颜色和性能应符合设计要求，木龙骨、木饰面板和塑料饰面板的燃烧性能等级应符合设计要求	经检查，符合设计要求	符合要求
	2	饰面板孔、槽的数量、位置和尺寸应符合设计要求	经检查，饰面板孔、槽的数量、位置和尺寸符合设计要求	符合要求
	3	饰面板安装工程的预埋件（或后置埋件）、连接件的数量、规格、位置、连接方法和防腐处理必须符合设计要求。后置埋件的现场拉拔强度必须符合设计要求。饰面板安装必须牢固	经检查，预埋件、连接件的数量、规格、位置、连接方法和防腐处理符合设计要求，饰面板安装牢固	符合要求
一般项目	1	饰面板表面应平整、洁净、色泽一致，无裂痕和缺损。石材表面应无泛碱等污染	经检查，饰面板表面平整、洁净、色泽一致，无裂痕和缺损，符合要求	符合要求
	2	饰面板嵌缝应密实、平直，宽度和深度应符合设计要求，嵌填材料色泽应一致	经检查，饰面板嵌缝密实、平直，宽度和深度符合设计要求，嵌填材料色泽应一致，符合要求	符合要求
	3	采用湿作业法施工的饰面板工程，石材应进行防碱背涂处理。饰面板与基体之间的灌注材料应饱满、密实	经检查，饰面板防碱背涂处理符合要求。饰面板与基体之间的灌注材料饱满、密实	符合要求
	4	饰面板上的孔洞应套割吻合，边缘应整齐	经检查，饰面板上的孔洞套割吻合，边缘整齐	符合要求

		项目	光面	剁斧石	蘑菇石	瓷板	木材	塑料	金属	实测值									符合要求
一般项目	5	立面垂直度	□2	□3	□3	☑2	□1.5	□2	□2	0	1	0	0	0	1	1	△3	2	0	符合要求
		表面平整度	□2	□3	—	☑1.5	□1	□2	□3	1	0	1	1	0	2	1	1	1	1	符合要求
		阴阳角方正	□2	□4	4	☑2	□1.5	□2	□3	1	1	0	2	1	0	△3	0	0		符合要求
		接缝直线度	□2	□4	4	☑2	□1	□1	□1	0	1	1	2	1	0	0	1	2	1	符合要求
		墙裙、勒脚上口直线度	□2	□3	□3	☑2	□2	□2	□2	0	1	1	0	2	2	1	2	0		符合要求
		接缝高低差	□0.5	□3	□3	☑0.5	□0.5	□1	□1	0.2	0.1	0.4	0.1	0.3	△0.7	0.1	0.1	0.1	0.4	符合要求
		接缝宽度	□2	□2	□2	☑1	□1	—	□1	1	1	0	0	1	0	0	1	0	1	符合要求

主控项目：符合设计要求 ；一般项目：满足规范规定 ；共抽查 70 点，其中合格67点，合格率95.7%

施工单位检查评定结果	检查评定符合要求。 施工班组长：××× 专业施工员：××× 质量员：××× ××××年××月××日	监理（建设）单位验收评定结论	同意验收。 专业监理工程师：××× （建设单位项目专业技术负责人）：××× ××××年××月××日

×××省住房和城乡建设厅印制

表 6-20

饰面砖粘贴工程检验批质量验收记录表
GB 50210—2001

	资料号	

单位名称		验收部位		
施工单位		项目经理		建设（监理）单位验收意见
施工执行标准名称及编号				

		施工质量验收规范的规定		施工单位检查评定记录					
主控项目	1	饰面砖的品种、规格、图案、颜色和性能应符合设计要求							
	2	饰面砖粘贴工程的找平、防水、粘结和勾缝材料及施工方法应符合设计要求及国家现行产品标准和工程技术标准的规定							
	3	饰面砖粘贴必须牢固							
	4	满粘法施工的饰面砖工程应无空鼓、裂缝							
一般项目	1	饰面砖表面应平整、洁净、色泽一致，无裂痕和缺损							
	2	阴阳角处搭接方式、非整砖使用部位应符合设计要求							
	3	墙面突出物周围的饰面砖应整砖套割吻合，边缘应整齐。墙裙、贴脸突出墙面的厚度应一致							
	4	饰面砖接缝应平直、光滑，填嵌应连续、密实；宽度和深度应符合设计要求							
	5	有排水要求的部位应做滴水线（槽）。滴水线（槽）应顺直，流水坡向应正确。坡度应符合设计要求							

一般项目	6 允许偏差（mm）	项目	外墙面砖	内墙面砖	实测值				
		立面垂直度	□3	□2					
		表面平整度	□4	□3					
		阴阳角方正	□3	□3					
		接缝直线度	□3	□2					
		接缝高低差	□1	□0.5					
		接缝宽度	□1	□1					

主控项目： ；一般项目： ；共抽查 点，其中合格 点，合格率 ％

施工单位检查评定结果	施工班组长： 专业施工员： 质量员： 年 月 日	监理（建设）单位验收评定结论	专业监理工程师： （建设单位项目专业技术负责人）： 年 月 日

表 6-21

玻璃幕墙工程检验批质量验收记录表
GB 50210—2001
（Ⅰ）

	资料号	××县××大酒店主楼 -C4-03-09-01-001

单位名称	××县××大酒店主楼		验收部位	①～⑫/Ⓐ～Ⓚ轴线	
施工单位	×××建设工程有限公司		项目经理	×××	建设（监理）单位验收意见
施工执行标准名称及编号		《建筑装饰装修工程质量验收规范》GB 50210—2001			

		施工质量验收规范的规定	施工单位检查评定记录	建设（监理）单位验收意见
主控项目	1	所使用的各种材料、构件和组件的质量，应符合设计要求及国家现行产品标准和工程技术规范的规定	经检查，所使用的各种材料、构件和组件的质量，符合设计要求及有关标准要求和规范规定	符合要求
	2	造型和立面分格应符合设计要求	经检查，造型和立面分格与设计相符	符合要求
	3	使用的玻璃应符合下列规定：①幕墙应使用安全玻璃，玻璃的品种、规格、颜色、光学性能及安装方向应符合设计要求。②幕墙玻璃的厚度不应小于6mm。全玻璃幕墙玻璃肋的厚度不应小于12mm。③幕墙的中空玻璃应采用双道密封。明框幕墙的中空玻璃应采用聚硫密封胶及丁基密封胶；隐框和半隐框幕墙的中空玻璃应采用硅酮结构密封胶及丁基密封胶；镀膜面应在中空玻璃的第2或第3面上。④幕墙的夹层玻璃应采用聚乙烯醇缩丁醛（PVB）胶片干法加工合成的夹层玻璃。点支承玻璃幕墙夹层玻璃的夹层胶片（PVB）厚度不应小于0.76mm。⑤钢化玻璃表面不得有损伤；8mm以下的钢化玻璃应进行引爆处理。⑥所有幕墙玻璃均应进行边缘处理	经检查，符合设计及质量验收规范要求	符合要求
	4	玻璃幕墙与主体结构连接的各种预埋件、连接件、紧固件必须安装牢固，其数量、规格、位置、连接方法和防腐处理应符合设计要求	经检查，连接件安装牢固，其数量、规格位置、连接方式和防腐处理符合设计要求	符合要求
	5	各种连接件、紧固件的螺栓应有防松动措施；焊接连接应符合设计要求和焊接规范的规定	经检查，各部位的连接质量符合设计和质量验收规范要求	符合要求
	6	隐框或半隐框玻璃幕墙，每块玻璃下端应设置两个铝合金或不锈钢托条，其长度不应小于100mm，厚度不应小于2mm，托条外端应低于玻璃外表面2mm	经检查，符合要求	符合要求
	7	明框玻璃幕墙的玻璃安装应符合下列规定：①玻璃槽口与玻璃的配合尺寸应符合设计要求和技术标准的规定。②玻璃与构件不得直接接触，玻璃四周与构件凹槽底部应保持一定的空隙，每块玻璃下部应至少放置两块宽度与槽口宽度相同、长度不小于100mm的弹性定位垫块；玻璃两边嵌入量及空隙应符合设计要求。③玻璃四周橡胶条的材质、型号应符合设计要求，镶嵌应平整，橡胶条长度应比边框内槽长1.5%～2%，橡胶条在转角处应斜面断开，并应用粘结剂粘结牢固后嵌入槽内	/	符合要求
	8	高度超过4m的全玻璃幕墙应吊挂在主体结构上，吊夹具应符合设计要求，玻璃与玻璃、玻璃与玻璃肋之间的缝隙，应采用硅酮结构密封胶填嵌严密	经检查，幕墙吊挂在主体结构上，吊夹具符合设计要求，缝隙嵌填符合要求	符合要求

玻璃幕墙工程检验批质量验收记录表
GB 50210—2001
（Ⅱ）

资料号	××县××大酒店主楼 -C4-03-09-01-001

单位名称	××县××大酒店主楼		验收部位	①～⑫/Ⓐ～Ⓚ轴线	
施工单位	×××建设工程有限公司		项目经理	×××	建设
施工执行标准名称及编号	《建筑装饰装修工程质量验收规范》GB 50210—2001				（监理）单位验收意见
		施工质量验收规范的规定		施工单位检查评定记录	
主控项目	9	点支承玻璃幕墙应采用带万向头的活动不锈钢爪，其钢爪间的中心距离应大于250mm	经检查，符合设计和质量验收规范要求	符合要求
	10	玻璃幕墙四周、玻璃幕墙内表面与主体结构之间的连接节点、各种变形缝、墙角的连接节点应符合设计要求和技术标准的规定	经检查，各节点做法符合设计和有关标准要求	符合要求
	11	玻璃幕墙应无渗漏	经淋水检查，无渗漏现象	符合要求
	12	结构胶和密封胶的打注应饱满、密实、连续、均匀、无气泡，宽度和厚度应符合设计要求和技术标准的规定	经检查，结构胶和密封胶的打注饱满、密实、连续、均匀、无气泡，宽度和厚度符合设计要求和技术标准的规定	符合要求
	13	玻璃幕墙开启窗的配件应齐全，安装应牢固，安装位置和开启方向、角度应正确；开启应灵活，关闭应严密	经检查，玻璃幕墙开启窗的配件齐全，安装牢固，安装位置和开启方向、角度正确；开启灵活，关闭严密	符合要求
	14	玻璃幕墙的防雷装置必须与主体结构的防雷装置可靠连接	经检查，玻璃幕墙的防雷装置与主体结构的防雷装置连接可靠	符合要求
一般项目	1	表面应平整、洁净；整幅玻璃的色泽应均匀一致；不得有污染和镀膜损坏	经检查，表面平整、洁净；整幅玻璃的色泽均匀一致；无污染和镀膜损坏现象	符合要求
	2	每平方米玻璃的表面质量应符合表9.2.17的要求	经检查，符合质量验收要求	符合要求
	3	一个分格铝合金型材的表面质量应符合表9.2.18的要求	经检查，符合质量验收要求	符合要求
	4	明框玻璃幕墙的外露框或压条应横平竖直，颜色、规格应符合设计要求，压条安装应牢固。单元玻璃幕墙的单元拼缝或隐框玻璃幕墙的分格玻璃拼缝应横平竖直、均匀一致	经检查，玻璃的安装符合设计和质量验收规范要求	符合要求
	5	密封胶缝就横平竖直、深浅一致、宽窄均匀、光滑顺直	经检查，符合要求	符合要求
	6	防火、保温材料填充应饱满、均匀，表面应密实、平整	经检查，防火、保温材料填充饱满、均匀，表面密实、平整，符合要求	符合要求
	7	玻璃幕墙隐蔽节点的遮封装修应牢固、整齐、美观	经检查，玻璃幕墙隐蔽节点的遮封装修牢固、整齐、美观，符合要求	符合要求

玻璃幕墙工程检验批质量验收记录表 GB 50210—2001 （Ⅲ）

资料号	××县×××大酒店主楼 -C4-03-09-01-001

单位名称	××县×××大酒店主楼	验收部位	①～⑫/Ⓐ～Ⓚ轴线	建设（监理）单位验收意见
施工单位	×××建设工程有限公司	项目经理	×××	
施工执行标准名称及编号	《建筑装饰装修工程质量验收规范》GB 50210—2001			

	施工质量验收规范的规定			施工单位检查评定记录	建设（监理）单位验收意见
一般项目					
8	明框玻璃幕墙安装允许偏差(mm)	幕墙垂直度 幕墙高度≤30m	10	1 △2 9 5 4 7 6 8 2 5	符合要求
		幕墙垂直度 30m<幕墙高度≤60m	15		
		幕墙垂直度 60m<幕墙高度≤90m	20		
		幕墙垂直度 幕墙高度>90m	25		
		幕墙水平度 幕墙幅宽≤35m	5	1 1 4 4 4 2 △1 2 2 1	符合要求
		幕墙水平度 幕墙幅宽>35m	7		
		构件直线度	2	1 2 1 △3 2 1 2 2 1 1	符合要求
		构件水平度 构件长度≤2m	2	1 2 2 2 0 1 0 1 0 1	符合要求
		构件水平度 构件长度>2m	3	△4 1 2 2 0 2 1 0 2 0	符合要求
		相邻构件错位	1	0 1 0 1 0 1 0 1 0 0	符合要求
		分格框对角线长度差 对角线长度≤2m	3	1 1 2 0 0 1 0 1 0 1	符合要求
		分格框对角线长度差 对角线长度>2m	4	△5 2 2 0 1 3 3 4 3	符合要求
9	隐框及半隐框玻璃幕墙允许偏差(mm)	幕墙垂直度 幕墙高度≤30m	10	6 2 5 9 0 7 10 4 8 5	符合要求
		幕墙垂直度 30m<幕墙高度≤60m	15		
		幕墙垂直度 60m<幕墙高度≤90m	20		
		幕墙垂直度 幕墙高度>90m	25		
		幕墙水平度 层高≤3m	3	3 △4 3 2 1 2 2 1 1 1	符合要求
		幕墙水平度 层高>3m	5	0 4 0 0 1 1 △7 0 4 1	符合要求
		幕墙表面平整度	2	2 2 2 2 2 0 1 0 1 2	符合要求
		板材立面垂直度	2	2 1 1 0 2 2 1 0 2 1	符合要求
		板材上沿水平度	2	1 2 0 1 0 1 2 1 0 0	符合要求
		相邻板材板角错位	1	1 0 0 1 1 1 1 1 1 1	符合要求
		阳角方正	2	2 1 2 1 2 2 1 2 1 1	符合要求
		接缝直线度	3	1 0 1 2 1 2 3 2 2	符合要求
		接缝高低差	1	1 1 0 1 0 1 0 1 1 1	符合要求
		接缝宽度	1	0 1 1 1 1 0 0 1 1 1	符合要求

主控项目：符合设计要求；一般项目：满足规范规定；共抽查190点，其中合格183点，合格率96.3%

施工单位检查评定结果	检查评定符合要求。 施工班组长：××× 专业施工员：××× 质量员：××× 　　　　×××× 年 ×× 月 ×× 日	监理（建设）单位验收评定结论	同意验收。 专业监理工程师：××× （建设单位项目专业技术负责人）：××× 　　　　×××× 年 ×× 月 ×× 日

×××省住房和城乡建设厅印制

表 6-22

石材幕墙工程检验批质量验收记录表
GB 50210—2001
（Ⅲ）（主控项目）

资料号	

单位名称			验收部位		
施工单位			项目经理		建设（监理）单位验收意见
施工执行标准名称及编号					
		施工质量验收规范的规定		施工单位检查评定记录	
主控项目	1	石材幕墙工程所用材料的品种、规格、性能和等级，应符合设计要求及国家现行产品标准和工程技术规范的规定。石材的弯曲强度不应小于 8.0MPa；吸水率应小于 0.8%。石材幕墙的铝合金挂件厚度不应小于 4mm，不锈钢挂件厚度不应小于 3.0mm			
	2	石材幕墙的造型、立面分格、颜色、色泽、花纹和图案应符合设计要求			
	3	石材孔、槽的数量、深度、位置、尺寸应符合设计要求			
	4	石材幕墙主体结构上的预埋件和后置埋件的位置、数量及后置埋件的拉拔力必须符合设计要求			
	5	石材幕墙的金属框架立柱与主体结构预埋件的连接、立柱与横梁的连接、连接件与金属框架的连接、连接件与石材面板的连接必须符合设计要求，安装必须牢固			
	6	金属框架及连接件的防腐处理应符合设计要求			
	7	石材幕墙的防雷装置必须与主体结构防雷装置可靠连接			
	8	石材幕墙的防火、保温、防潮材料的设置应符合设计要求，填充应密实、均匀、厚度一致			
	9	各种结构变形缝、墙角的连接节点应符合设计要求和技术标准的规定			
	10	石材表面和板缝的处理应符合设计要求			
	11	石材幕墙的板缝注胶应饱满、密实、连续、均匀、无气泡，板缝宽度和厚度应符合设计要求和技术标准的规定			
	12	石材幕墙应无渗漏			

石材幕墙工程检验批质量验收记录表
GB 50210—2001
（Ⅲ）（一般项目）

资料号	

单位名称		验收部位		建设（监理）单位验收意见
施工单位		项目经理		
施工执行标准名称及编号				

		施工质量验收规范的规定		施工单位检查评定记录	
一般项目	1	石材幕墙表面应平整、洁净，无污染、缺损和裂痕。颜色和花纹应协调一致，无明显色差，无明显修痕			
	2	石材幕墙的压条应平直、洁净、接口严密、安装牢固			
	3	石材接缝应横平竖直、宽窄均匀；阴阳角石板压向应正确，板边合缝应顺直；凸凹线出墙厚度应一致，上下口应平直；石材面板上洞口、槽边应套割吻合，边缘应整齐			
	4	石材幕墙的密封胶缝应横平竖直、深浅一致、宽窄均匀、光滑顺直			
	5	石材幕墙上的滴水线、流水坡向应正确、顺直			
	6	石材表面质量要求（每10m²）	裂痕、明显划伤和长度>100mm的轻微划伤	不允许	
			长度≤100mm的轻微划伤	≤8条	
			擦伤总面积	≤500mm²	

			项目	光面	麻面							
一般项目	7	安装允许偏差（mm）	幕墙垂直度	幕墙高度≤30m	10							
				30m<幕墙高度≤60m	15							
				60m<幕墙高度≤90m	20							
				幕墙高度>90m	25							
			幕墙水平度	3								
			幕墙表面平整度	□2	□3							
			板材立面垂直度	3								
			板材上沿水平度	2								
			相邻板材板角错位	1								
			阳角方正	□2	□4							
			接缝直线度	□3	□4							
			接缝高低差	□1	—							
			接缝宽度	□1	□2							

主控项目：　　　；一般项目：　　　；共抽查　　　点，其中合格　　　点，合格率　　　％

施工单位检查评定结果	施工班组长： 专业施工员： 质量员： 　　　　　　　年　月　日	监理（建设）单位验收评定结论	专业监理工程师： （建设单位项目专业技术负责人）： 　　　　　　　年　月　日

×××省住房和城乡建设厅印制

表 6-23

水性涂料涂饰工程检验批质量验收记录表
GB 50210—2001

资料号	××县××大酒店主楼 -C4-03-10-01-001		

单位名称	××县××大酒店主楼	验收部位	①～12/Ⓐ～Ⓚ轴线	
施工单位	××建设工程有限公司	项目经理	×××	建设（监理）单位验收意见
施工执行标准名称及编号	《建筑装饰装修工程质量验收规范》GB 50210—2001			

		施工质量验收规范的规定			施工单位检查评定记录		
主控项目	1	水性涂料涂饰工程所用涂料的品种、型号和性能应符合设计要求			经检查，涂料的品种、型号和性能与设计相符，有合格证和检测报告		符合要求
	2	水性涂料涂饰工程的颜色、图案应符合设计要求			经检查，颜色、图案符合设计要求		符合要求
	3	水性涂料涂饰工程应涂饰均匀、粘结牢固，不得漏涂、透底、起皮和掉粉			经检查涂饰均匀，粘结牢固，无漏涂、透底、起皮和掉粉现象，符合要求		符合要求
	4	水性涂饰工程的基层处理应符合：①新建筑物的混凝土或抹灰基层在涂饰涂料前应涂刷抗碱封闭底漆。②旧墙面在涂饰涂料前应清除疏松的旧装修层，并涂刷界面剂。③混凝土或抹灰基层涂刷乳液型涂料时，含水率不得大于 10%。木材基层的含水率不得大于 12%。④基层腻子应平整、坚实、牢固、无粉化、起皮和裂缝；内墙腻子的粘结强度应符合 JG/T 298 的规定。⑤厨房、卫生间墙面必须使用耐水腻子			经检查，基层处理符合质量验收规范要求		符合要求
一般项目	1	薄涂料涂饰质量	颜色	普通	均匀一致	符合要求	符合要求
				高级	均匀一致	/	
			泛碱、咬色	普通	允许少量轻微	符合要求	符合要求
				高级	不允许	/	
			流坠、疙瘩	普通	允许少量轻微	符合要求	符合要求
				高级	不允许	/	
			砂眼、刷纹	普通	允许少量轻微砂眼、刷纹通顺	符合要求	符合要求
				高级	无砂眼、无刷纹	/	
			装饰线、分色线直线度	普通	2mm	0 0 1 2 0 1 0 1 2 1	符合要求
				高级	1mm		
	2	厚涂料涂饰质量	颜色	普通	均匀一致	符合要求	符合要求
				高级	均匀一致	/	
			泛碱、咬色	普通	允许少量轻微	符合要求	符合要求
				高级	不允许	/	
			点状、分布	普通	—	符合要求	符合要求
				高级	疏密均匀	/	
	3	复层涂料涂饰质量	颜色		均匀一致	符合要求	符合要求
			泛碱、咬色		不允许	符合要求	符合要求
			喷点疏密程度		均匀，不允许连片	符合要求	符合要求
	4	涂层与其他装修材料和设备衔接处应吻合，界面应清晰			符合要求		符合要求

主控项目：符合设计要求；一般项目：满足规范规定；共抽查 10 点，其中合格 10 点，合格率 100%

施工单位检查评定结果	检查评定符合要求。 施工班组长：××× 专业施工员：××× 质量员：××× ××××年××月××日	监理（建设）单位验收评定结论	同意验收。 专业监理工程师：××× （建设单位项目专业技术负责人）：××× ××××年××月××日

××省住房和城乡建设厅印制

表 6-24

溶剂型涂料涂饰工程检验批质量验收记录表
GB 50210—2001

			资料号		

单位名称			验收部位		建设（监理）单位验收意见
施工单位			项目经理		
施工执行标准名称及编号					

		施工质量验收规范的规定		施工单位检查评定记录	
主控项目	1	溶剂型涂料涂饰工程所选用涂料的品种、型号和性能应符合设计要求			
	2	溶剂型涂料涂饰工程的颜色、光泽、图案应符合设计要求			
	3	溶剂型涂料涂饰工程应涂饰均匀、粘结牢固，不得漏涂、透底、起皮和反锈			
	4	溶剂型涂饰工程的基层处理应符合：①新建筑物的混凝土或抹灰基层在涂饰涂料前应涂刷抗碱封闭底漆。②旧墙面在涂饰涂料前应清除疏松的旧装修层，并涂刷界面剂。③混凝土或抹灰基层涂刷溶剂型涂料时，含水率不得大于8%。木材基层的含水率不得大于12%。④基层腻子应平整、坚实、牢固，无粉化、起皮和裂缝；内墙腻子的粘结强度应符合 JG/T 298 的规定。⑤厨房、卫生间墙面必须使用耐水腻子			

						施工单位检查评定记录	
一般项目	1	涂层与其他装修材料和设备衔接处应吻合，界面应清晰					
	2	色漆的涂饰质量	颜色	普通	均匀一致		
				高级	均匀一致		
			光泽光滑	普通	光泽基本均匀光滑无挡手感		
				高级	光泽均匀一致、光滑		
			刷纹	普通	刷纹通顺		
				高级	无刷纹		
			裹棱、流坠、皱皮	普通	明显处不允许		
				高级	不允许		
			装饰线、分色线直线度	普通	2mm		
				高级	1mm		
	3	清漆的涂饰质量	颜色	普通	基本一致		
				高级	均匀一致		
			木纹	普通	棕眼刮平、木纹清楚		
				高级	棕眼刮平、木纹清楚		
			光泽光滑	普通	光泽基本均匀光滑无挡手感		
				高级	光泽均匀一致光滑		
			刷纹	普通	无刷纹		
				高级	无刷纹		
			裹棱、流坠、皱皮	普通	明显处不允许		
				高级	不允许		

主控项目：	；一般项目：	；共抽查 点，其中合格 点，合格率 %

施工单位检查评定结果	施工班组长： 专业施工员： 质量员： 年 月 日	监理（建设）单位验收评定结论	专业监理工程师： (建设单位项目专业技术负责人)： 年 月 日

×××省住房和城乡建设厅印制

表 6-25

裱糊工程检验批质量验收记录表
GB 50210—2001

	资料号	××县××大酒店主楼 -C4-03-11-01-001

单位名称	××县××大酒店主楼	验收部位	①～12/Ⓐ～Ⓚ轴线	
施工单位	××建设工程有限公司	项目经理	×××	建设（监理）单位验收意见
施工执行标准名称及编号	《建筑装饰装修工程质量验收规范》GB 50210—2001			

		施工质量验收规范的规定	施工单位检查评定记录	
主控项目	1	壁纸、墙布的种类、规格、图案、颜色和燃烧性能等级必须符合设计要求及国家现行标准的有关规定	经检查，所使用材料种类、规格、图案、颜色和燃烧性能等级均符合设计要求及有关标准	符合要求
	2	裱糊前，基层处理质量应达到下列要求： （1）新建筑物的混凝土或抹灰基层墙面在刮腻子前应涂刷抗碱封闭底漆 （2）旧墙面在裱糊前应清除疏松的旧装修层，涂刷界面剂 （3）混凝土或抹灰基层含水率不得大于8%；木材基层的含水率不得大于12% （4）基层腻子应平整、坚实、牢固，无粉化、起皮和裂缝；内墙腻子的粘结强度应符合 JG/T 298 的规定 （5）基层表面平整度、立面垂直度及阴阳角方正应达到《建筑装饰装修工程质量验收规范》GB 50210—2001 第4.2.11条的要求 （6）基层表面颜色应一致 （7）裱糊前应用封闭底胶涂刷基层	经检查，基层处理符合质量验收规范要求	符合要求
	3	裱糊后各幅拼接应横平竖直，拼接处花纹、图案应吻合，不离缝，不搭接，不显拼缝	经检查，各幅拼接横平竖直，拼接处花纹、图案吻合，不离缝，不搭接，不显拼缝，符合要求	符合要求
	4	壁纸、墙布应粘贴牢固，不得有漏贴、补贴、脱层、空鼓和翘边	经检查，壁纸粘贴牢固，无漏贴、补贴、脱层、空鼓和翘边，符合要求	符合要求
一般项目	1	裱糊后的壁纸、墙布表面应平整，色泽一致，不得有波纹起伏、气泡、裂缝、皱褶及斑污，斜视时应无胶痕	经检查，表面平整，色泽一致，无波纹起伏、气泡、裂缝、皱褶及斑污，斜视无胶痕，符合要求	符合要求
	2	复合玉花壁纸的压痕及发泡壁纸的发泡层应无损坏	经检查，无损坏现象，符合要求	符合要求
	3	壁纸、墙布与各种装饰线、设备线盒应交接严密	经检查，交接严密，符合要求	符合要求
	4	壁纸、墙布边缘应平直整齐，不得有纸毛、飞刺	经检查，符合要求	符合要求
	5	壁纸、墙布阴角处搭接应顺光，阳角处应无接缝	经检查，符合要求	符合要求

主控项目：符合设计要求	；一般项目：满足规范规定

施工单位检查评定结果	检查评定符合要求。 施工班组长：××× 专业施工员：××× 质量员：××× ××××年××月××日	监理（建设）单位验收评定结论	同意验收。 专业监理工程师：××× （建设单位项目专业技术负责人）：××× ××××年××月××日

×××省住房和城乡建设厅印制

表 6-26

软包工程检验批质量验收记录表
GB 50210—2001

	资料号	

单位名称		验收部位		
施工单位		项目经理		建设（监理）单位验收意见
施工执行标准名称及编号				

		施工质量验收规范的规定		施工单位检查评定记录	
主控项目	1	软包面料、内衬材料及边框的材质、颜色、图案、燃烧性能等级和木材的含水率应符合设计要求及国家现行标准的有关规定			
	2	软包工程的安装位置及构造做法应符合设计要求			
	3	软包工程的龙骨、衬板、边框应安装牢固，无翘曲，拼缝应平直			
	4	单块软包面料不应有接缝，四周应绷压严密			
一般项目	1	软包工程表面应平整、洁净，无凹凸不平及皱折；图案应清晰、无色差，整体应协调美观			
	2	软包边框应平整、顺直、接缝吻合。其表面涂饰质量应符合《建筑装饰装修工程质量验收规范》GB 50210—2001 第 10 章的有关规定			
	3	清漆涂饰木制边框的颜色、木纹应协调一致			
	4	允许偏差（mm）	垂直度	3	
			边框宽度、高度	0，—2	
			对角线长度差	3	
			裁口、线条接缝高低差	1	

主控项目：　　　；一般项目：　　　；共抽查　　　点，其中合格　　　点，合格率　　　%

施工单位检查评定结果	施工班组长： 专业施工员： 质量员： 　　　　　　　　　　年　月　日	监理（建设）单位验收评定结论	专业监理工程师： （建设单位项目专业技术负责人）： 　　　　　　　　　　年　月　日

××× 省住房和城乡建设厅印制

表 6-27

门窗套、护墙板制作与安装工程
检验批质量验收记录表
GB 50210—2001

资料号	

单位名称		验收部位		建设(监理)单位验收意见
施工单位		项目经理		
施工执行标准名称及编号				

		施工质量验收规范的规定		施工单位检查评定记录	
主控项目	1	门窗套制作与安装所使用材料的材质、规格、花纹和颜色、木材的燃烧性能等级和含水率、花岗石的放射性及人造木板的甲醛含量应符合设计要求及国家现行标准的有关规定			
	2	门窗套的造型、尺寸和固定方法应符合设计要求,安装应牢固			
一般项目	1	门窗套表面应平整、洁净、线条顺直、接缝严密、色泽一致,不得有裂缝、翘曲及损坏			
	2	允许偏差 (mm)	正、侧面垂直度	3	
			门窗套上口水平度	1	
			门窗套上口直线度	3	

主控项目: ;一般项目: ;共抽查 点,其中合格 点,合格率 %

施工单位检查评定结果	监理(建设)单位验收评定结论
施工班组长: 专业施工员: 质量员: 年 月 日	专业监理工程师: (建设单位项目专业技术负责人): 年 月 日

×××省住房和城乡建设厅印制

表 6-28

栏杆和扶手制作与安装工程检验批
质量验收记录表
GB 50210—2001

		资料号	

单位名称			验收部位		
施工单位			项目经理		建设（监理）单位验收意见
施工执行标准名称及编号					

		施工质量验收规范的规定		施工单位检查评定记录							
主控项目	1	护栏和扶手制作与安装所使用材料的材质、规格、数量和木材、塑料的燃烧性能等级应符合设计要求									
	2	护栏和扶手的造型、尺寸及安装位置应符合设计要求									
	3	护栏和扶手安装预埋件的数量、规格、位置以及护栏与预埋件的连接节点应符合设计要求									
	4	护栏高度、栏杆间距、安装位置必须符合设计要求。护栏安装必须牢固									
	5	护栏玻璃应使用公称厚度不小于12mm的钢化玻璃或钢化夹层玻璃。当护栏一侧距楼地面高度为5m及以上时，应使用钢化夹层玻璃									
一般项目	1	护栏和扶手转角弧度应符合设计要求，接缝应严密，表面应光滑，色泽应一致，不得有裂缝、翘曲及损坏									
	2	允许偏差（mm）	护栏垂直度	3							
			栏杆间距	3							
			扶手直线度	4							
			扶手高度	3							

主控项目： ；一般项目： ；共抽查 点，其中合格 点，合格率 ％

施工单位检查评定结果	施工班组长： 专业施工员： 质量员： 年 月 日	监理（建设）单位验收评定结论	专业监理工程师： （建设单位项目专业技术负责人）： 年 月 日

×××省住房和城乡建设厅印制

项目7 单位(子单位)工程质量验收

任务1 单位(子单位)工程验收的基本规定

【实训目的】

熟悉单位(子单位)工程质量验收的程序、内容及方法,能收集整理单位(子单位)工程质量验收所需资料。

【学习支持】

《建筑工程施工质量验收统一标准》GB 50300—2013。

【任务实施】

1. 单位(子单位)工程质量验收的程序、内容及方法是什么?

2. 单位(子单位)工程质量验收所需的资料有哪些?

任务2 单位(子单位)工程质量验收表格填写

【实训目的】

会依据资料填写单位(子单位)工程质量竣工验收记录表、单位(子单位)工程施工管理资料核查记录表、单位(子单位)工程质量控制资料核查表记录表、单位(子单位)工程安全和功能检验资料核查及主要功能抽查记录表、单位(子单位)工程观感质量检查验收记录表。

【学习支持】
《建筑工程施工质量验收统一标准》GB 50300—2013。

【任务实施】

根据要求填写单位（子单位）工程质量验收的相关表格：

1. 完成表 7-1～表 7-5 的填写。

2. 在资料实训室完成相应表格的应用软件电子档内容输入，并输出结果，存档后上交电子资料。

表 7-1

单位（子单位）工程质量竣工验收记录表

表 C5-2

	资料号	

工程名称				结构类型	
建筑面积		层数		开工日期	年 月 日
施工单位				竣工日期	年 月 日
项目经理		企业技术负责人		企业质量负责人	

序号	项 目	验收记录	验收结论
1	分部工程	共 分部 经查 分部 符合标准及设计要求 分部	
2	质量控制资料	共 项 经审查符合要求 项 经核定符合要求 项	
3	安全与功能检验资料	共核查 项，符合要求 项 共抽查 项，符合要求 项 经返工处理符合要求 项	
4	观感质量	共抽查 项 评价为"好" 项 评价为"一般" 项 经返工处理符合要求 项	
5	综合验收结论		

参加验收单位	建设单位	监理单位	施工单位	设计单位
	（签章）	（签章）	（签章）	（签章）
	项目负责人： 年 月 日	总监理工程师： 年 月 日	单位负责人： 年 月 日	项目负责人： 年 月 日

本表由施工单位填写，建设单位、施工单位、监理单位、城建档案馆各保存一份。

×××省住房和城乡建设厅印制

表 7-2

单位（子单位）工程施工管理质量核查记录表
表 C5-3

				资料号	

工程名称				施工单位		
序号	项目	资料名称	份数	核查意见	核查人	
1	质量管理资料	开工报告				
2		施工现场质量管理检查记录				
3		施工单位资质证书及管理人员上岗资格证书				
4		施工日志				
5		工程质量事故及事故调查处理资料				
6		建设工程质量事故报告				
7		工程质量检验制度及计划				
8		专业承包单位资质证书及相关专业人员岗位证书				
9		见证记录				
10		见证取样和送检见证人备案书				
11		见证检测汇总表				
12		见证取样送检见证人授权书				
13		见证检测委托单				
1	施工技术资料	施工组织设计及施工方案				
2		深基坑支护方案专家审查意见				
3		技术交底记录				
4		图纸会审记录				
5		设计变更				
6		设计变更通知汇总表				

施工单位 检查意见	项目经理（注册建造师）： 　　专业技术负责人： 　　　　　　　　　年　月　日
建设（监理）单位 核查意见	总监理工程师： 　　（建设单位负责人）： 　　　　　　　　　年　月　日

×××省住房和城乡建设厅印制

表 7-3

单位（子单位）工程质量控制资料核查记录表

表 C5-4

资料号	

工程名称			施工单位		

序号	项目	资料名称	份数	核查意见	核查人
1	建筑与结构	图纸会审、设计变更、洽商记录			
2		设计文件审查报告、设计单位回复意见			
3		工程定位测量、放线记录			
4		原材料出厂合格证明文件及进场检验报告			
5		施工试验及见证检测报告			
6		隐蔽工程验收记录			
7		施工记录			
8		预制构件、预拌混凝土合格证明文件			
9		分项、分部工程质量验收记录			
10		工程质量事故调查处理资料			
11		新材料、新工艺施工记录			
1	给水排水与采暖	图纸会审、设计变更、洽商记录			
2		材料、配件出厂合格证明及进场检验报告			
3		管道、设备强度试验、严密性试验记录			
4		系统清洗、灌水、通水、通球试验记录			
5		隐蔽工程验收记录			
6		施工记录			
7		分项、分部工程质量验收记录			
1	建筑电气	图纸会审、设计变更、洽商记录			
2		材料、配件出厂合格证明及进场检验报告			
3		设备调试记录			
4		接地、绝缘电阻测试记录			
5		隐蔽工程验收记录			
6		施工记录			
7		分项、分部工程质量验收记录			
1	通风与空调	图纸会审、设计变更、洽商记录			
2		材料、配件出厂合格证明及进场检验报告			
3		制冷、空调、水管道强度、严密性试验记录			
4		隐蔽工程验收记录			
5		制冷设备运行调试记录			
6		通风、空调系统调试记录			
7		施工记录			
8		分项、分部工程质量验收记录			

本表由施工单位填写，建设单位、施工单位、监理单位、城建档案馆各保存一份。

××× 省住房和城乡建设厅印制

单位（子单位）工程质量控制资料核查记录表
表 C5-4

	资料号	

工程名称				施工单位		
序号	项目	资料名称	份数	核查意见		核查人
1	电梯工程	土建布置图纸会审、设计变更、洽商记录				
2		设备出厂合格证明及开箱检验记录				
3		隐蔽工程验收记录				
4		施工记录				
5		接地、绝缘电阻测试记录				
6		负荷试验、安全装置检查记录				
7		分项、分部工程质量验收记录				
1	智能建筑工程	图纸会审、设计变更、洽商记录、竣工图及设计说明				
2		材料、设备出厂合格证、技术文件及进场检验报告				
3		隐蔽工程验收记录				
4		系统功能测定及设备调试手册				
5		系统技术、操作和维护手册				
6		系统管理、操作人员培训记录				
7		分项、分部工程质量验收记录				
1	建筑节能工程	设计文件、图纸会审记录、设计变更和洽商				
2		材料、配件出厂合格证明及进场检验报告				
3		隐蔽工程验收记录和相关图像资料				
4		设备单机及系统联合试运转及调试记录				
5		分项、分部工程质量验收记录				

施工单位检查意见	项目经理（注册建造师）： 专业技术负责人： 　　　　年　月　日
建设（监理）单位核查意见	总监理工程师： （建设单位负责人）： 　　　　年　月　日

本表由施工单位填写，建设单位、施工单位、监理单位、城建档案馆各保存一份。

×××省住房和城乡建设厅印制

表 7-4

单位（子单位）工程安全和功能检验资料核查
及主要功能抽查记录表
表 C5-5

资料号

工程名称				施工单位		
序号	项目	资料名称	份数	核查意见		核查人
1	建筑与结构	屋面蓄（淋）水试验记录				
2		地下室防水效果检查记录				
3		有防水要求的地面蓄水试验记录				
4		建筑物垂直度、标高、全高测量记录				
5		抽气（风）道检查记录				
6		幕墙及外窗气密性、水密性、抗风压检测报告				
7		建筑物沉降观测记录				
8		节能、保温检测报告				
9		基础、主体结构实体质量检测报告				
10		民用建筑室内环境质量检测报告				
1	给水排水与采暖	给水管道通水试验记录				
2		暖气管道、散热器压力试验记录				
3		卫生器具满水试验记录				
4		消防管道、燃气管道压力试验记录				
5		排水干管通球试验记录				
1	建筑电气	照明全负荷试验记录				
2		大型灯具牢固性试验记录				
3		避雷接地电阻检测报告				
4		线路、插座、开关接地检验记录				
1	通风与空调	通风、空调系统试运行记录				
2		风量、温度测试记录				
3		洁净室内洁净度测试记录				
4		制冷机组试运行调试记录				

本表由施工单位填写，建设单位、施工单位、监理单位、城建档案馆各保存一份。

×××省住房和城乡建设厅印制

单位（子单位）工程安全和功能检验资料核查
及主要功能抽查记录表

表 C5-5

资料号	

工程名称				施工单位		
序号	项目	资料名称	份数	核查意见		核查人
1	电梯工程	电梯运行记录				
2		电梯安全装置检测报告				
1	智能建筑工程	系统试运行记录				
2		系统检测报告				
3		系统电源及接地检测报告				
1	建筑节能工程	外墙结构现场实体检验				
2		通风与空调系统节能性能检测记录				
3		配电与照明系统节能性能检测记录				

施工单位检查意见	项目经理（注册建造师）： 专业技术负责人： 年　月　日
建设（监理）单位核查意见	总监理工程师： （建设单位负责人）： 年　月　日

本表由施工单位填写，建设单位、施工单位、监理单位、城建档案馆各保存一份。

×××省住房和城乡建设厅印制

表 7-5

单位（子单位）工程观感质量检查验收记录表

表 C5-6

资料号	

工程名称					施工单位				

序号	项　目	施工单位自评			验收检查记录	验收评价		
		好	一般	差		好	一般	差
1	室外墙面							
2	变形缝							
3	水落管、屋面							
4	室内墙面							
5	室内顶棚、吊顶							
6	室内地面							
7	楼梯、踏步、护栏							
8	门窗							
1	管道接口、坡度、支架							
2	卫生器具、支架、阀门							
3	检查口、扫除口、地漏							
4	散热器、支架							
1	配电箱、盘、板、接线盒							
2	设备器具、开关、插座							
3	防雷、接地							
1	风管、支架、风口、阀门							
2	风机、风阀、空调设备							
3	水泵、冷却塔、绝热							
1	运行、平层、开关门							
2	层门、信号系统							
3	机房							
1	机房设备安装及布局							
2	现场设备安装							
观感质量检查综合评价								

施工单位 检查意见	项目经理（注册建造师）： 专业技术负责人： 　　　　　　　　　年　月　日
建设（监理）单位 核查意见	总监理工程师： （建设单位负责人）： 　　　　　　　　　年　月　日

本表由施工单位填写，建设单位、施工单位、监理单位、城建档案馆各保存一份。

×××省住房和城乡建设厅印制